よくわかる生物多様性 ③

身近なチョウ
何を食べてどこにすんでいるのだろう

中山 れいこ 著
アトリエ モレリ 制作
中井 克樹 総監修
滋賀県立琵琶湖博物館 専門学芸員
矢後 勝也 監修
東京大学総合研究博物館 助教

　チョウは高速道路や地下鉄が走るビル街にも飛んでいます。園芸種の草花や、街路樹で育つチョウがいるからです。
　この本では、地球温暖化や都市化などで分布域や生活環境が変化し、私たちの身近な公園などの公共緑地で育つチョウの、食草や子孫の残し方について解説し、飼育法も紹介しています。
　100年先の子どもたちに、多くのチョウがくらす環境をつなげていけるように、チョウが生きのびるささえとなるバタフライガーデン（→P.44）や、屋上やベランダの緑化もとりあげています。

中山 れいこ

くろしお出版

ミカン科の木で幼虫が育つ
アゲハチョウのなかま (→P.16)

クロアゲハ ×1.0 ♂

ちがう食草で幼虫が育つ
アゲハチョウのなかま (→P.18)

アオスジアゲハ ×1.0 ♂

エノキで幼虫が育つ
タテハチョウのなかま (→P.21)

ゴマダラチョウ ×1.0 ♂

はう虫から美しいはねで舞う虫へ
←「完全変態」をするなかまたち

チョウは、サナギの時期をすごして成虫になる完全変態(→P.28)の昆虫です。
幼虫の多くは、種類ごとにほぼ決まった植物を食べ、外見でイモムシ、ケムシ、アオムシなどとよばれます。そしてサナギの皮を脱いで成虫になる(羽化する)と、美しいはねがあらわれます。

もくじ ● チョウを公共緑地ではぐくみ、未来につなげよう

公園などの公共緑地で育つチョウ　3

I. チョウとは／どこで育つのかな？・・・・・・・・・・・・・・・・・・・・・・・・・・・・・・・・・・4
　　山でくらすチョウ　6
　　街でくらすチョウ　8

II. 多様なチョウの色と形／温暖化や都市化でチョウの分布がかわる？・・・・12
　　種によって姿形はさまざま　14
　　外国のチョウ　24

III. 体のつくり／チョウとガは何がちがうの？・・・・・・・・・・・・・・・・・・・・・・26
　　チョウは完全変態の昆虫　28
　　幼虫・サナギ・成虫の保護色と擬態　30

IV. 飼育と観察で見えてくる生態／公共緑地にほしい植物は何？・・・・・・・32
　　室内で飼う・室外で飼う　34
　　卵からサナギまでの成長　36
　　羽化、チョウへの変態　38
　　交尾・産卵／外来種は、最後まで飼う　40

V. 人間とのかかわり／チョウは採集され、幼虫は害虫として駆除される？・・・42
　　バタフライガーデンの維持／屋上やベランダでの身近な緑化　44
　　注意すべき種　46
　　カイコのように絹糸を作るガ　49
　　身近な生息種を知り、地域に命をつなげる環境を保全しよう　50
　　チョウがくらす環境は人に安全な環境！　52

さくいん・・・53　　総監修・監修のことば・・・54
あとがき・謝辞・・・55　　参考文献・・・56

ちがう食草で幼虫が育つ
タテハチョウのなかま (→P.20)

ルリタテハ ×1.0 ♀

公園などの公共緑地で育つチョウ

チョウは、大きな4枚のはねをもつ種として進化しました。森林や草原、高山など自然環境の豊かな地域から、人が自然の恵みを利用する里山地域、多くの人々がくらす都会まで、さまざまな環境にすんでいます。

最近都会では、これまで見られなかった種類のチョウが飛ぶようになりました。20世紀の終わりごろからは、郊外の都市化で、幼虫の食草（エサになる植物）を失ったチョウたちが、都市部の公園などの緑地に食草を求めて定着しました。また南国に分布するチョウが北上し、地球温暖化や都市化による暖冬のためなのか、越冬して子孫を残しています。

いっぽう、成虫の吸蜜源（エサとなる花の蜜や樹液など）は、公園の花だんや街路樹などにたくさんあります。

この本では、身近なチョウの生態をとおして、生息環境の保全など、身近な自然環境を見つめなおす観察をしています。

オオミズアオ ×0.7 ♂

ガのなかま(→ P.48)

イチモンジセセリ ×2.0 ♀

セセリチョウのなかま(→ P.23)

チョウの生息環境やエサなどをあらわすマーク

- 山地 →
- 低山地 →
- 平地 →
- 食草 →
- 花の蜜 → （吸蜜植物）
- 樹液 →
- くさった果実 →
- 動物の死骸やフン →
- 越冬をする状態 →

チョウの分布

- 成虫が見られる地域の色
- 対馬
- 北海道
- 本州
- 四国
- 九州
- ← 鹿児島県の島々
- ← 沖縄県の島々
- 定着している地域の色

↑ おおよその分布域を地図にあらわしました。

シロチョウのなかま(→ P.14)

ツマキチョウ

×1.0 ♂

シジミチョウのなかま(→ P.22)

ヤマトシジミ

×2.0 ♀

どこで育つのかな？

キク科の植物の花、また、ランタナやブッドレア（→P.11）など、吸蜜源となる植物を植えると、それをこのむ成虫が飛んできます。そして、幼虫の食べる植物（食草）を植えれば、成虫の産卵を観察できることもあります。

チョウは、身近な昆虫として目につきやすく、多様なわりには名前も調べやすいため、「環境評価の指標生物」としてすぐれているといわれます。また都市化などで、チョウがまったくいなくなった場所に、チョウをよびこむ環境をつくることで、生息域を再生することも可能です。

1 チョウをよんでみよう

ベランダや玄関先など、狭い場所や都会の高層ビル街のような環境でも、チョウが好きな花を植えると、チョウが飛んできます。

2 幼虫をよんでみよう

アゲハが花へ吸蜜にきたら、ミカン科の木を植えてみましょう。アゲハが産卵し、幼虫が育つところを観察できます。

3 飼ってみよう

食草が十分にあるなら、幼虫を見つけて飼育してみましょう。小さな幼虫が、葉を食べてどんどん大きくなり、チョウになるまでのようすが観察できます。

Ⅰ チョウとは

チョウは、南極以外の世界中に生息しています。日本のチョウは235種前後、ガは6000種くらいもいて、このグループを「チョウ目」や、「ガ目」とよびます。また、はねや体が鱗粉や鱗毛でおおわれているので「鱗翅目」ともよばれています。ガはほとんどが夜行性です。チョウは昼間活動するため、複眼が発達し、はねの形や色彩が多様に進化しました。

山でくらすチョウ
春、明るい林床の食草で育つ

　幼虫がウマノスズクサ科の植物を食べるギフチョウは、原始的な形や性質を多くもつチョウだといわれています。しかし、ギフチョウが多く見られたのは、手つかずの原生林よりも、むしろ人間が利用して適度に明るく下草のはえた「里山」でした。

　近年、里山では開発が進んだり、人々が利用しなくなって荒れたりして、ギフチョウの生息地が激減しました。
　環境省のレッドデータブックでは絶滅危惧Ⅱ類とされ、和歌山県と東京都では絶滅しました。
　多くの地域で、ギフチョウが絶滅しないよう、定期的に落葉広葉樹林の下草を刈り、枝打ちなどをして、生息環境を維持しています。
　しかし、生息地が根こそぎ開発されることもあります。

ギフチョウ
アゲハチョウ科　日本固有種
×1.8
絶滅危惧Ⅱ類

落葉広葉樹林に生息。
ウマノスズクサ科のカンアオイのなかまなど。
サナギ。

●←ギフチョウの分布域
●←ヒメギフチョウの分布域

成虫は年に1回（3～6月）発生。成虫の発生回数は種によってちがいます。ギフチョウは10か月間くらい、落ち葉の間でサナギですごします。

コラム1. チョウとガに近いなかま

トビケラのなかまのはねには、鱗毛がはえ、鱗粉はありません。

ヒゲナガカワトビケラ ×2.0
ヒゲナガカワトビケラ科
北海道～九州に分布。川の上流から中流に生息。
幼虫は砂でマユをつくり、蛹化。成虫は4～11月に発生。

　はるか昔、チョウとガの祖先は、トビケラと同じ祖先からわかれてあらわれてきました。この祖先がやがてガとなり、さらにそのなかまからチョウが進化してきたのです（→P.28）。
　トビケラの幼虫は水中にすみ、水質汚染に敏感なため、川の環境をしめす指標生物になります。

---

①里山➡人間が生活する場所に隣接し、人が手入れをすることで「豊かな自然」が維持されている、農地や雑木林などをふくめた地域のこと。
②レッドデータブック➡環境省の刊行による、日本で絶滅のおそれのある野生生物の種についてそれらの生息状況等をとりまとめたもの。
③絶滅危惧Ⅱ類➡レッドデータブック内のカテゴリー。絶滅のおそれが高まりつつある種を「絶滅危惧Ⅱ類」と指定しています。

森の保全活動が命をつなぐ

ブータンシボリアゲハは、1933年にイギリス人がヒマラヤ山脈の山奥で発見後、未確認だった種です。2011年8月、日本とブータンの共同調査隊が同じ場所で再発見し、それによってブータンの国蝶になりました。

国際自然保護連合（IUCN）の危急種。日本では絶滅危惧Ⅱ類に近いカテゴリー。

×1.3

ブータンシボリアゲハ
アゲハチョウ科　ブータンの国蝶

標高約2,300mのタシヤンツェ渓谷にのみ分布。集落の人々が、森を守りながら計画的に木の伐採をする二次林に生息。ウマノスズクサ属⑦。

里山を再生し、里山のチョウを次世代へつなぐ

20世紀の半ばごろまでは、都市化が進む地域にも、田畑や落葉広葉樹の雑木林がひろがる里山が残されていました。現在都会に育つ多くのチョウは、公園などの公共緑地にわずかにある里山のような環境で命をつなげてきたのです。

近年、利用されなくなって荒れた里山の手入れをして、二次林を再生するこころみが各地でおこなわれています。荒れた里山を整備し、緑が豊かで多くのチョウがすむ森を育てることは、身近な生物多様性を守り、地球温暖化を止めることにもつながります。

④ヒメギフチョウ➡姿や生態がギフチョウにそっくりな、寒冷地に育つギフチョウのなかま。⑤日本固有種➡日本にしか分布しない動植物の種のこと。
⑥二次林➡原生林（一次林）に対して使うことば。伐採や火災などによって失われた一次林が自然、または人によって再生してできた森林のこと。
⑦ウマノスズクサ属➡ウマノスズクサ科の中の一属。キシタアゲハ族（ジャコウアゲハやトリバネアゲハなど）の幼虫の食草になることが多い。

街でくらすチョウ
人との共生

はるか昔から、日本の平地から低山にかけて多くのチョウが分布していました。その中には、人がすむ里や街がひろがってからも、人々の近くで生きつづけてきた種もあります。

チョウはストローのような口で、花の蜜などを吸います。

♂ ×1.5

アゲハ
終齢幼虫 ×1.2

成虫は年に2〜6回（3〜11月）発生。上の写真の幼虫は、街路樹の下にはえていた排気ガスでよごれたミカンの木で育っています。

🌼 赤っぽい色の花をこのむ

アゲハ アゲハチョウ科
人家のまわりでよく見られます。
🌿 ミカン科の木の葉。　🌱 サナギ。

食草と吸蜜源がある場所で命をつなぐ

アゲハチョウの幼虫はミカン科の植物を、モンシロチョウ（→P.14）の幼虫はアブラナ科①の植物を食べるので、果樹園や畑の害虫になります。近年、農薬の影響で農地にすめなくなったり、都市化が進み、野原や雑木林を失ったりして都会に逃げこむチョウもふえました。
　都会では、食草や吸蜜源が適度に管理されている公園などの公共緑地、街路樹や校庭、また、高層ビルに作られた庭園などが、チョウのくらしをささえています。

①アブラナ科⇒4枚の花弁が十字架のように見えるので、昔は十字花科ともよばれていました。また、細長い（ナズナなど種によってはうちわ型の）角ばった実が特徴です。アブラナは、実から油をとったり野菜として食べる菜の花のこと。ワサビやキャベツ、ダイコンなどもアブラナ科です。
②日本の国蝶⇒法律や条例で規定されたものではありません。1957年、日本昆虫学会が「日本における代表的な大型美麗種」として選びました。

失われる生息地

　日本の「国蝶」②オオムラサキは、雑木林の恵みがなければ生きられず、ある程度の広さの自然を必要とするため、都市化によって生きる場所が大きく失われました。この美しいチョウを復活させるためのさまざまなとりくみが各地ではじまっています。

準絶滅危惧

野生では、クヌギやコナラの③樹液を吸います。
飼育下では熟したモモやバナナなどをあたえると果汁を吸います。

オオムラサキ　タテハチョウ科　日本の国蝶　♂ ×1.5
適度に管理された、やや規模の大きな雑木林に生息。④
🌿エノキやエゾエノキなどの木の葉。🌵幼虫。
成虫は年に1回（6～8月）発生。幼虫は、秋の終わりごろ地表におりて、落ち葉の裏側にかくれて越冬します。

都会の雑木林にもいたチョウ

　オオムラサキは雑木林があれば山地だけでなく、かつては東京都23区内でも見られました。成虫の吸蜜源となる樹液を出すクヌギやコナラがはえた雑木林を守るためには、適度な伐採や下草刈りが必要です。都会には、幼虫が育つエノキもはえていますが、根もとの落ち葉が掃除されてしまうため、落ち葉の間で幼虫が越冬できません。

③クヌギやコナラ➡ドングリの実がなる落葉広葉樹。薪炭木やシイタケ栽培などに使われます。
④オオムラサキの生息地➡ベトナム北部から中国北東部まで、広く東アジアに分布します。日本の固有種ではありませんが、1863年に新種とされた「基準の標本」の採集地が神奈川県であり、属名（Sasakia）も佐々木忠次郎博士に献名されたことから、日本を代表するチョウといえるでしょう。

街にふえた食草に集まる

　20世紀終わりごろまで、都会で見かける白いチョウは、モンシロチョウだけでした。近年、モンシロチョウが飛びはじめる春に、ツマキチョウも飛びます。また、モンシロチョウよりも少し黒ずんで見えるスジグロシロチョウもいます。これらのチョウは、もともと都会よりも林縁①や渓流沿いに見られたものです。しかし、最近は都心でも見られるようになりました。

　幼虫がアブラナ科の植物を食べるこれらのチョウは、20世紀の終わりごろから都会で目につくようになったショカツサイを食草として、ふえてきたのかもしれません。身近な場所をさがしてみましょう。

♂ ×1.5

ツマキチョウ
幼虫がアブラナ科の実を食べるとされますが、ショカツサイの花のつぼみや茎、花びらも食べます。
サナギ。
成虫は年に1回(4～5月)発生(サナギの期間、約11か月)。

外来種
ショカツサイ
アブラナ科 ×2.0
日本全国に分布。花期は、3～5月。5～6月に結実。
原産地の中国では野菜として栽培し、種子から油をとることもあります。日本では、野生化したものを多く見ます。

スジグロシロチョウ　シロチョウ科　♀ ×1.5
市街地や都心部よりもむしろ住宅地や山村、公園の樹林の中などに多い。
アブラナ科など。　サナギ。
成虫は、年3～4回(4～10月)、寒冷地では年1～2回発生。ややしめった暗い場所に多い。

①林縁→森林のふちのこと。森や林の中にくらべて日がよくあたり、さまざまな植物がはえていて、森林内の動植物とはちがう、多様な種が見られます。多くのチョウの食草がはえ、多種類の花々がさきます。食草や蜜を求めて飛ぶチョウが観察できます。

チョウが吸蜜に集まる花々

早春にさくタンポポには、成虫で越冬するキタテハ（→P.30）やキタキチョウ（→P.14）、羽化したばかりのモンシロチョウやツマキチョウが蜜を吸いにやってきます。キク科の花は春から秋まで多くのチョウが集まるので、チョウをよびこむバタフライガーデン（→P.44）には欠かせない花です。

また、このページで紹介した花は外来種ですが、多くのチョウが集まります。

外来種

ブッドレア フジウツギ科
常緑または落葉性の低木。たくさんの花がさき、多くのチョウが集まります。

カバマダラ タテハチョウ科
7～10月ごろ迷蝶として本州、四国、九州に飛来し、幼虫の食草があると一時的に次の世代が育つことがあります。
🌿ガガイモ科のトウワタなど。 🌱分布域の北限では幼虫。
八重山列島では1年中発生します。
成虫の体に、幼虫期に食べたトウワタの有毒成分が残っているためにカバマダラはドクチョウともよばれ、鳥などは食べません。

コラム2. 外来種のあつかい方

ランタナは熱帯や亜熱帯では野生化し、駆除のしにくいやっかいな植物です。日本の暖地でも野生化してひろがりつつあり、問題になっています。

外来種の植物を公園などに植える場合は、植えた場所以外にひろがって野生化しないように気をつけます。

ツマグロヒョウモン タテハチョウ科
🌿スミレやパンジー、ビオラ。
🌱幼虫。
沖縄県では1年中成虫が見られ、九州以北では早春から秋まで、年に4～5回発生。メスはカバマダラのメスに擬態（→P.30）しているといわれています。

外来種
ランタナ クマツヅラ科 常緑または落葉性の低木。手入れが楽で多くのチョウが集まります。

②ランタナ→種子を鳥が食べて散布します。熱帯や亜熱帯地方では、ややツル状に横にはってしげみを作り、茎には細かいとげがあるため、駆除しにくく、世界の侵略的外来種ワースト100（IUCN、2000）選定種の一つです。都内の公園などを見る限り、野生化した状態はありませんが、野外にひろがらないように管理することが重要です。

Ⅰ. チョウとは

温暖化や都市化で、チョウの分布がかわる？

　チョウの成虫は、自由に飛びまわり、吸蜜する植物や卵をうむ場所を求めています。都会でも郊外でも、生きのびるためには吸蜜源や食草が必要です。
　たとえば、大型で飛ぶ姿を見つけやすいアゲハのなかまは、自然の中では林縁（→P.10）を飛びます。いっぽう都会では、ビルを山、街路樹を林縁の植物とみなして飛んでいるとも考えられています。幼虫の食草であるミカン科の木は、ビル街や学校、公園などの公共緑地に植栽されたり、街路樹の下ばえに見られたりもします。都会にこのような環境があれば、温暖化で北上してきたナガサキアゲハなどが生息できます。

1　幼虫が食べるもの

多くのチョウの幼虫が、植物の葉を食べます。花や実を食べる種は、発生時期が限られます。幼虫の中には、アブラムシを食べたり、アリの幼虫やサナギを食べたりする種もあります。

2　成虫が食べるもの

成虫の多くは花の蜜を吸います。樹液や、くさった果実、水たまりの水、動物の死骸や排泄物などに集まって吸う種もあります。

3　冬や夏を越すための気候

北上や南下している種や迷蝶（→P.52）が、飛来した土地にすみつくためには、その種が越冬や越夏できる気候も必要です。

Ⅱ 多様なチョウの色と形

歌や絵本に登場する「ちょうちょ」らしいチョウは、モンシロチョウのなかまの「シロチョウ科」です。そして大型で派手な「アゲハチョウ科」、大型で派手な種から小型で地味な種まで、いろいろなチョウがいる「タテハチョウ科」、小型の「シジミチョウ科」、ガのように見える「セセリチョウ科」など、さまざまなもようや色、姿のチョウがいます。

シロチョウ科

中型のチョウのなかま　成虫は花にきます

白いはねと、黄色のはねのチョウがいて、春にだけ成虫が発生する種と、秋まで発生をくりかえす種があります。

種によって

♀ ×3.0

🌼 **モンシロチョウ** 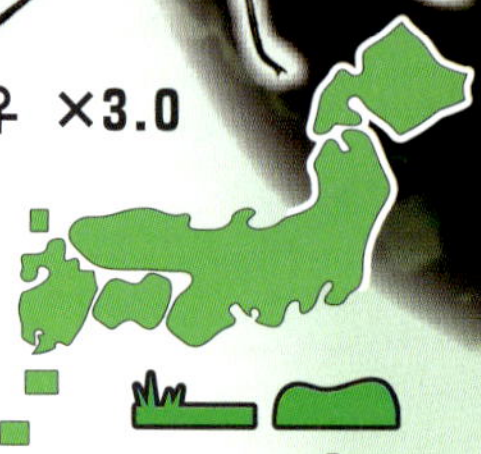
公園や庭園、校庭などに食草があれば飛んできます。
🌿 アブラナやキャベツ、ブロッコリー。　🌱 サナギ。
成虫は年に2～7回(3～11月)発生。

🌼 **アブラナ**　アブラナ科 ×1.0
種から油をとったり、野菜として食べるために栽培されてきた作物。「菜の花」ともよびます。

スジグロシロチョウ　♀ ×1.0

♂ ×0.7

🌼 **ハクチョウゲ**　アカネ科
垣根などに使われる常緑低木
花期は初夏。

成虫が冬眠する種
冬眠から目ざめて吸蜜中の
キタキチョウ ×0.7

🌼 **カタバミ**②　カタバミ科
花期は春～秋

🌼 **ノゲシ**③　キク科
花期は春～秋

🌼 **キタキチョウ** 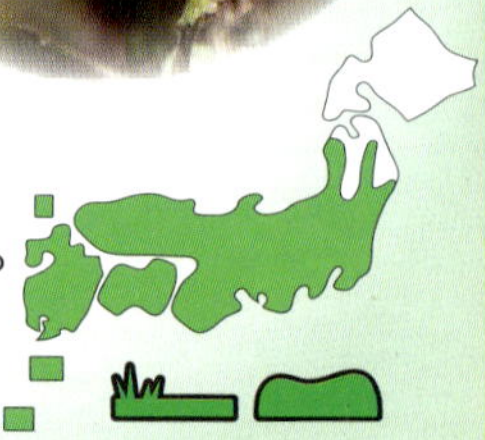
河原や林縁、街、道ばたなど身近な場所に生息。
🌿 マメ科のネムノキ、ハギ類など。　🌱 成虫。
成虫は草むらなどで越冬し、冬眠から目ざめると活発に飛びまわり、交尾をして産卵します。成虫は年に2～4回発生。1年中見られます。

①ハクチョウゲ➡病虫害に強く、さし木でもふやせます。暖かい土地では秋にもさきます。チョウやオオスカシバなどが吸蜜します。
②カタバミ➡大きくしげらず、ハート型の葉や黄色い5弁の花が可憐な野草。ヤマトシジミの食草(ムラサキカタバミは食草になりません)。
③ノゲシ➡草丈50cm～1mくらいになり、タンポポのような黄色い花をつけます。別名ハルノノゲシ。ヨーロッパ原産の帰化植物。

ミカン科を食草として生息地をひろげる

ナガサキアゲハは、地球温暖化で北上している種とされています。食草のミカン科の木は、北海道にもあるので、やがては津軽海峡をわたるのかもしれません。

クロアゲハ

☀ アベリア③

ナガサキアゲハ ☀
🌱 サナギ。
暖地では年に4～5回（春から秋）発生。

ナガサキアゲハには、尾状突起がありません。

♀ ×1.0

オスのはねの表は、全体に黒く、もようがありません。クロアゲハや、ジャコウアゲハ（次ページ）のオスに、似ているといわれますが、それらの種には尾状突起があります。

♀ ×1.0

アゲハは赤い花にくる

アゲハが、赤い花で吸蜜する姿をよく見かけます。こいピンクのヒャクニチソウ（➡P.23）などにもきます。

☀ オニユリ ×0.7
ユリ科
北海道～九州の平地から低山に分布。花期は夏。

③アベリア（別名ハナツクバネウツギ）➡スイカズラ科、公園などの生け垣によく使われる常緑低木。香りの強い小さな花が数多くさき、多くのチョウがきます。ハチなどもくるので観察するときには気をつけましょう。花期は春～秋。

Ⅱ. 多様なチョウの色と形

(2) 幼虫がミカン科以外の植物を食草とするアゲハチョウのなかま

　ミカン科の次に多くのアゲハチョウのなかまが食草とするのは、ウマノスズクサ科です。ウマノスズクサ科のつる性植物にはジャコウアゲハなどが育ち、小型の多年草にはギフチョウのなかまが育ちます。このほかにも、アゲハチョウのなかまの食草となる植物があります。幼虫の食草や成虫の吸蜜源、チョウが越冬（越夏）できる環境があれば、チョウの命はつながります。

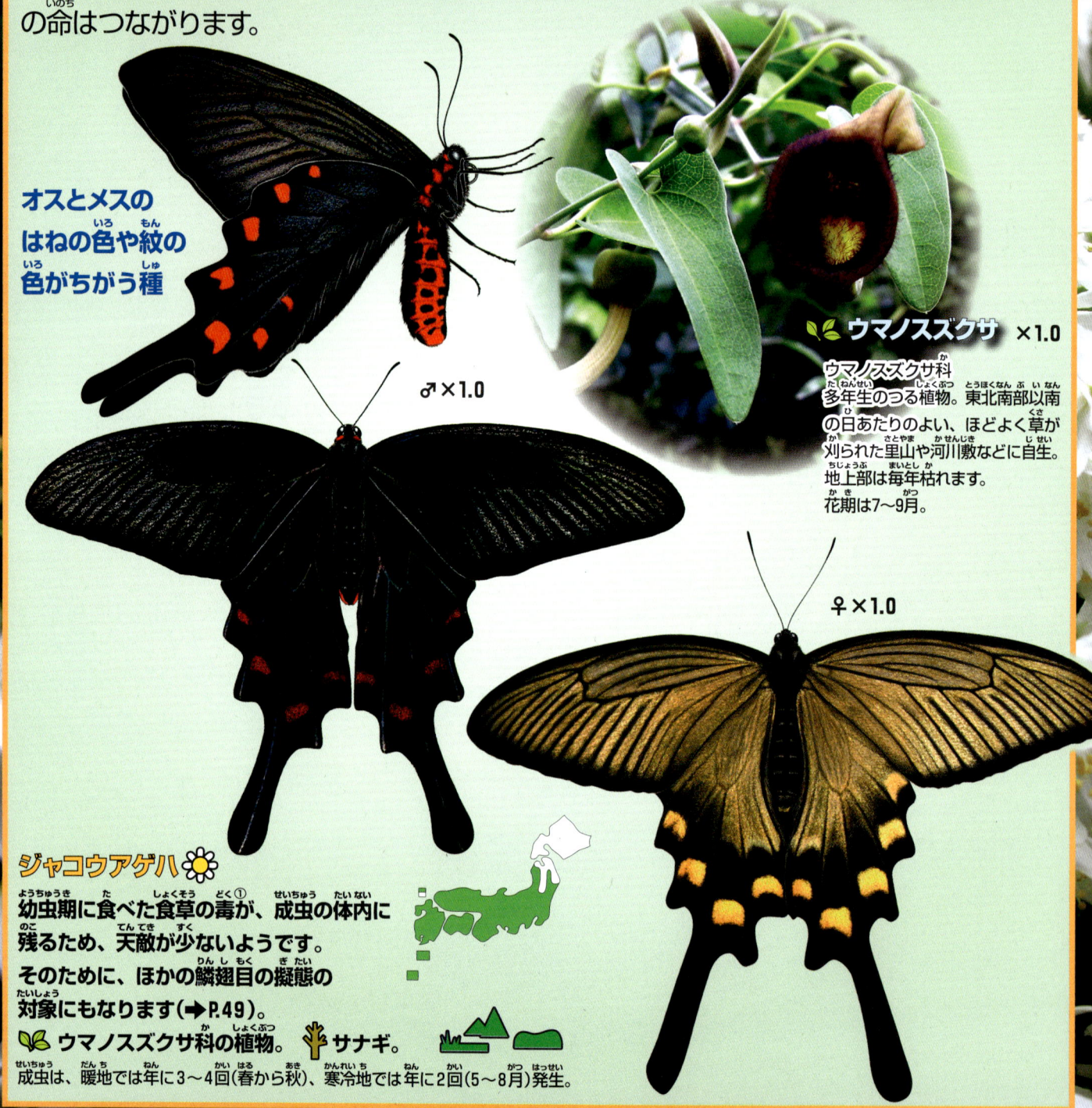

オスとメスのはねの色や紋の色がちがう種

♂ ×1.0

ウマノスズクサ ×1.0
ウマノスズクサ科
多年生のつる植物。東北南部以南の日あたりのよい、ほどよく草が刈られた里山や河川敷などに自生。地上部は毎年枯れます。花期は7～9月。

♀ ×1.0

ジャコウアゲハ
幼虫期に食べた食草の毒が、成虫の体内に残るため、天敵が少ないようです。
そのために、ほかの鱗翅目の擬態の対象にもなります（→P.49）。

🌿 ウマノスズクサ科の植物。　🌱 サナギ。

成虫は、暖地では年に3～4回（春から秋）、寒冷地では年に2回（5～8月）発生。

---

① 食草の毒➡ウマノスズクサはアリストロキア酸という成分をふくみ、腎毒性、発がん性があります。
② 地面の水を吸う➡強い陽射しの中で、チョウやガが地面で吸水する姿に出会います。よく見ると吸水しながら排尿しています。体の中に冷たい水を通して冷やしたり、ミネラルをとりこんでいるのだといわれています。

タテハチョウ科

中型〜大型のチョウ（前あしが退化して短いため、4本あしのように見えます）
はねの表と裏の、色やもようがちがう種が多い

長い下唇鬚が、つののように見えます。成虫は花にくるほか、樹液やくさった果実、生き物の死骸やフンなどにきます。

オスとメスのはねの色やもようにちがいが少ない種

ルリタテハ

サルトリイバラ科のサルトリイバラ、ユリ科のホトトギスやユリなど。成虫。

成虫は暖地で年に3回（6〜10月）くらい、寒冷地で年に1〜2回（7〜9月）発生。1年中見られます。

メスは、はねと青い色の帯のはばが、オスより少し広いだけなので、オスとメスが見わけにくい種です。越冬明けには、花に吸蜜にきます。

オスとメスのはねのもようがちがう種

ツマグロヒョウモン

オスとメスのはねのもようが同じ種

この本の写真で、オスとメスの見わけがつかなかった種には、オスとメスのマークをつけませんでした。

ヒメアカタテハ

キク科のハハコグサ、ヨモギ、ゴボウなど。幼虫・成虫

成虫は暖地で年に3〜4回（4〜11月）発生。

アカタテハ

イラクサ科のイラクサ、カラムシ、ヤブマオなど。成虫。

成虫は暖地で年に3〜4回、寒冷地で年に2回（7〜10月）発生。1年中見られます。

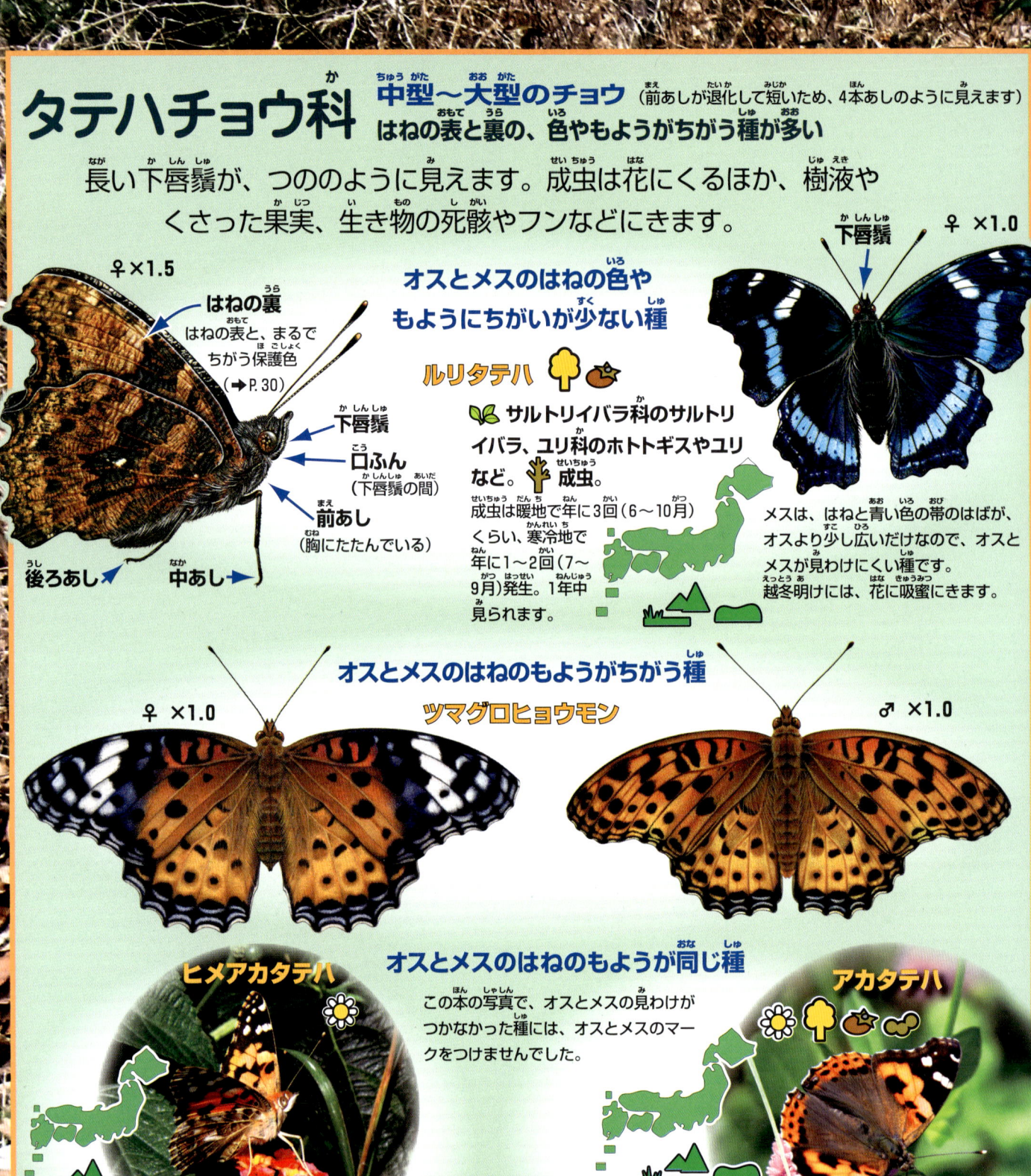

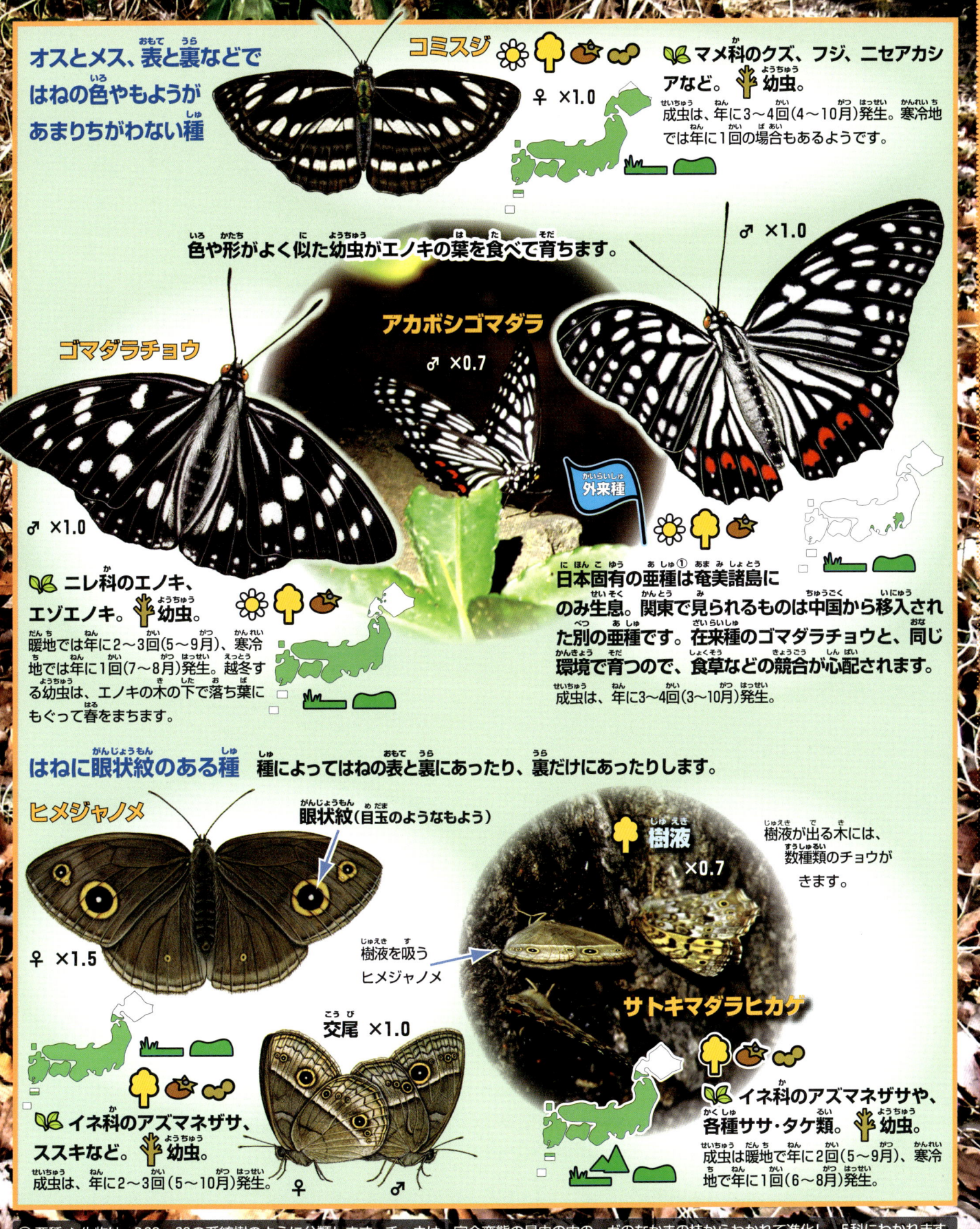

シジミチョウ科 小型のチョウ
はねの表と裏の色やもようがちがう種

前あしが退化した種や、尾状突起がある種も多く、花の蜜、くさった果実、生き物の死骸やフンなどにきます。

ヤマトシジミ ♂ ×1.0

ヤマトシジミ
🌿 カタバミ科のカタバミ。 🌱 幼虫。

成虫は、本州の暖地で年に5～6回（3～11月）、八重山列島では1年中発生。幼虫は地面におりて、食草の根もとの落ち葉の間などで越冬します。

♀ ×3.0　♀ ×2.0

絶滅危惧Ⅰ類

シルビアシジミ
🌿 マメ科のミヤコグサやシロツメクサなど。 🌱 幼虫。

成虫は、本州の暖地で年に4～5回（4～11月）発生。ヤマトシジミにそっくりなため、見て確認しづらく、生息不明な地域もあります。

♀ ×2.0

シルビアシジミ ♀ ×3.0

🌼🌿 **シロツメクサ** マメ科 ×2.0

別名、「クローバー」原産地はヨーロッパ。花期は春から秋。雑草防止や、土壌浸食防止になり、土壌を豊かにします。

見わけにくいチョウは、写真をとりましょう。
写真をとって、図鑑で名前を調べていると種類が見わけられるようになります。

尾状突起がある種

写真にとると、尾状突起がよくわかります。

ウラナミシジミ ♀ ×1.0
尾状突起

成虫は、北へ北へと飛び、多くの地域で見られます。

🌿 マメ科のフジマメ、エンドウ、ハギ、クズなど。 🌱 決まっていません。

成虫は年に4～6回くらい発生。移動性があり北へ移動して越冬できずに死滅することもあります。冬期に成虫が羽化することもあります。

ツバメシジミ ♀ ×1.0
尾状突起

🌿 マメ科のコマツナギ、レンゲ、ダイズなど。 🌱 幼虫。

成虫は、本州の暖地で年に4～5回（3～10月）発生。寒冷地では年に2～3回発生。

Ⅱ. 多様なチョウの色と形

ベニシジミ ♂×2.0

赤い色のシジミチョウは少ないので、見わけやすい

🌿 タデ科のスイバ、ギシギシ、ノダイオウ、エゾノギシギシなど。🌱 幼虫。

成虫は年に4〜6回（3〜11月）、寒冷地では2〜3回発生。暖地では冬に成虫を見かけることがあります。春と秋には、鮮やかなオレンジ色、暑い時期には茶色くくすんだ色になります。

セセリチョウ科

小型のチョウ / 独特な形の触角

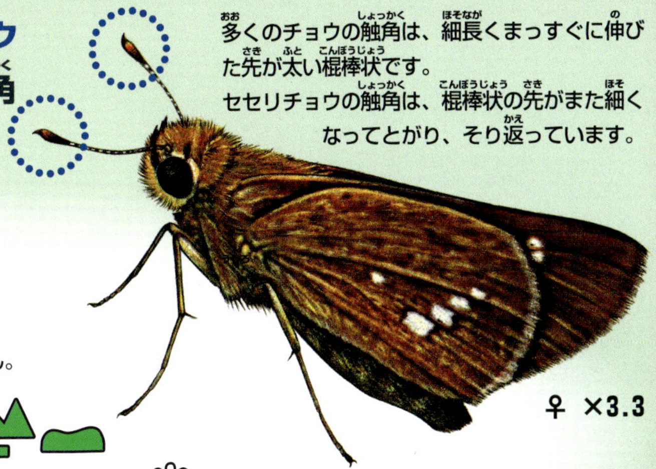

多くのチョウの触角は、細長くまっすぐに伸びた先が太い棍棒状です。セセリチョウの触角は、棍棒状の先がまた細くなってとがり、そり返っています。

セセリチョウは、はねが細くて胴が太いチョウです。種類を見わけにくいので、写真をとって調べましょう。
チョウは、花の上などにじっととまることは少ないので、見つけたらすぐとりましょう。ぼけていても、写っていれば種名がさがせるかもしれません。

♀×3.3

イチモンジセセリ

成虫は日本全国で見られます。北海道や東北での定着はなく、関東以南の暖地に定着しています。🌿 イネ科のイネやススキ、カヤツリグサ科の植物。🌱 成虫。イネの害虫なので、イネツキムシ、イネツトムシなどともよばれています。
成虫は、年に3〜4回（5〜11月）発生し、北上します。10月ごろまでは花にきます。

♀×1.2

はねを半分開いたセセリチョウ独特のとまり方

♂×1.0

キマダラセセリ ♂×1.0

🌿 イネ科のアズマネザサやススキ、エノコログサ。🌱 幼虫。

成虫は、暖地では年に2〜3回（6〜9月）、寒冷地では年に1回（7〜8月）発生。

🌼 **ヒャクニチソウ** キク科

園芸種。花の色や形などが豊富で、7〜11月くらいまでさきます。じょうぶなので、学校や公園などの花だんに多く使われ、アゲハなど多くのチョウがきます。

外国のチョウ

身近に生息していなくても、テレビ報道や図鑑、博物館などで見られる種

ブータンシボリアゲハ
アゲハチョウ科

♂ ×1.0

♀[①] ×1.0

ワシントン条約により、商取引と国外もち出しが制限されています。

青く輝くはねは、見る角度によって緑、深い青、こい紫へとかわって見えます。ここでは、ななめから見たようすをかきました。

メネラウスモルフォ
タテハチョウ科 ♂ ×1.0

コロンビア、ブラジル、ベネズエラ、ペルーなどの森林に生息。マメ科とコカ科の植物。

多くのモルフォチョウのはねの表面には、青く発色する金属光沢があります。これは、鱗粉の表面に刻まれたとても小さな格子状の構造が、青い光のみを反射するために青く見える現象で、構造色とよびます。[②]

①オスとメスのちがい➡性によるもようのちがいはほとんどありませんが、メスのほうが全体に大きく、白っぽいようです。
②構造色➡見る角度でさまざまな色彩になるCDやシャボン玉など、それ自身には色がついていない物質の、表面の構造による光の干渉で見える色のこと。モルフォチョウのはねの構造色を研究して開発され、見る角度によって赤・緑・青・黄とさまざまな色彩に見える繊維があります。

Ⅱ. 多様なチョウの色と形

プリアムストリバネアゲハ
アゲハチョウ科　♂　×1.0

ワシントン条約により、商取引と国外もち出しが制限されています。

♂の性標③

尾状突起がない種。ニューギニア島からオーストラリアの熱帯雨林に生息。
🌿 ウマノスズクサ属など。

20世紀以降、原産国の近代化にともなう急速な開発で、生息地である熱帯雨林が破壊され、個体数が激減しています。

クラウディナミイロタテハ　タテハチョウ科　♂　×1.0

♂の性標

南アメリカの密林に生息。
🌿 コカ科植物。
ミイロタテハのなかまは「空飛ぶ宝石④」ともよばれています。

③性標➡オスだけにある紋や発香鱗（香りを出す鱗粉）、メスを引きよせる香りのある鱗毛の束（ヘアペンシル）が、オスの尾端から出ることが知られています。また、熱帯に生息するアゲハチョウ科やタテハチョウ科のなかまには、後ろばねに鱗毛の束があります。
④ミイロタテハのなかま➡はねの表も裏も日本のタテハチョウとはちがい、とても鮮やかです。

チョウとガは何がちがうの？

はるか昔、鱗翅目（ガやチョウのなかま）は、夜間に行動する（夜行性）生き物でした。進化とともに、昼間行動する（昼行性）グループが誕生し、その中から、性のちがいをしめす色や警戒色、擬態など、はねの色彩が多様に進化したものが、「チョウのなかま」とされています。

チョウとガは、見た目の特徴で完全に区別することはできませんが、下におおまかな見わけかたをあげます。

1 触角を見よう

ほとんどのチョウの触角は、先がふくらんだこん棒状です（➔ P.14〜25）。それにくらべてガは、くし形や、先が細い形です（➔ P.48〜49）。

2 とまり方を見よう

多くのチョウは、はねを閉じてとまり、ガは、はねを平らにひろげてとまります。
しかし、はねをひろげてとまるチョウや、閉じてとまるガもいます。

3 昼の生き物か夜の生き物かなど

ふつうチョウは昼、ガは夜に活動します。しかし、チョウのように昼行性のガもいます（➔ P.48）。夜行性のガは、地味な色のなかまが多く、腹部が太いといわれますが、同じような特徴をもつチョウもいます（➔ P.23）。

Ⅲ 体のつくり

チョウの幼虫には「はね」がなく、空を飛ぶ虫になるようには見えません。
はねはイモムシの成長とともに、体の中でだんだん形作られ、サナギにかわるときに初めて体の外にあらわれます。そしてサナギの期間に鱗粉が色づき、あざやかな色彩のはねができあがります。

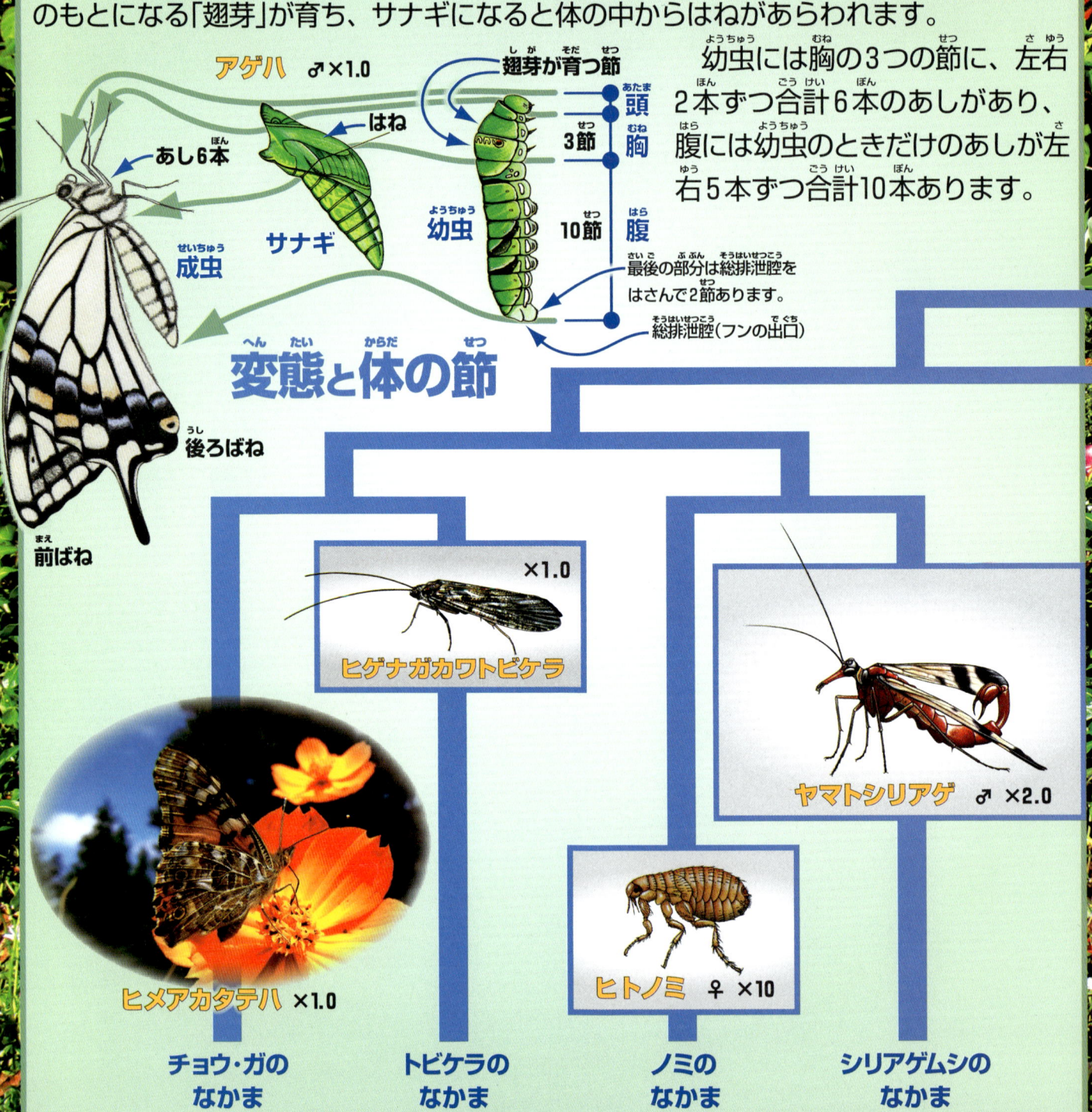

チョウは完全変態の昆虫

昆虫の完全変態とは、サナギの期間をもつ変態のことです。幼虫の背中の内側ではねのもとになる「翅芽」が育ち、サナギになると体の中からはねがあらわれます。

幼虫には胸の3つの節に、左右2本ずつ合計6本のあしがあり、腹には幼虫のときだけのあしが左右5本ずつ合計10本あります。

最後の部分は総排泄腔をはさんで2節あります。

変態と体の節

① 変態 ➡ 生き物がふ化をして幼生の形になったあとの体のつくりの大きな変化のことです。ふ化は卵の中で育った幼生が、卵から出ることなので、変態ではありません。また、哺乳類や鳥類、爬虫類などの成長にともなう変化は、誕生後、基本的な体のつくりをかえることなく成長し、じょじょに全体的なバランスがかわるだけなので、変態ではありません。

完全変態をする昆虫の系統樹

同じ祖先から進化によってわかれた道すじを、樹木の枝がわかれるようにあらわすために、系統樹とよばれています。

昆虫の変態には、完全変態と不完全変態のほかに、無変態②もあります。

祖先種

不完全変態の昆虫

ハラビロカマキリ ♀ ×0.5

不完全変態の昆虫は、卵から親とほとんど同じ形をした幼体がうまれ、サナギの期間がありません。はねが幼虫の背中で成長し、成虫になるまで脱皮をつづけ、成虫になるときの脱皮（羽化）で、はねが完成します。

ウスバカゲロウ ×0.6

ツチカメネジレバネのなかま ♂ ×10

ミドリキンバエ ×1.0

カブトムシ ♂ ×0.7

クロヤマアリ ×1.0

| ハチ・アリのなかま | ハエのなかま | ウスバカゲロウ・クサカゲロウのなかま | 甲虫のなかま | ネジレバネのなかま |

② 不完全変態の昆虫 ➡ 成虫にはねがあります。セミ、カマキリ、トンボ、バッタ、ゴキブリなどが身近な不完全変態の昆虫です。
③ 無変態の昆虫 ➡ 成虫にはねのない、カマアシムシ、コムシ、シミなど。卵からふ化した幼虫が、脱皮によって大きさだけを変化させて成虫になります。

幼虫・サナギ・成虫の保護色と擬態

どの成長段階でも、周囲の景色にとけこんで見わけにくくなるような色やもよう（保護色）、形（擬態）になっています。

保護色？ 擬態？

幼虫が小枝などを集めて作ったミノは、葉が落ちた枝では保護色にはならず、逆にとても目立ちます。

オオミノガ　ミノガ科　×1.5

関東から沖縄まで分布。多くの種類の樹木の葉。幼虫。
成虫は年に1回（6～8月）発生。ミノの中で蛹化し、オスは羽化してミノの外に出ます。メスは、はねもあしもない成虫になります。成虫の口は退化しています。

落ち葉に擬態

地面や落ち葉の上にたおれて、落ち葉のまねをする習性があります。

地面にたおれたようす／触角／前ばね／目／下唇鬚／前あし／中あし／後ろあし

アケビコノハ　ヤガ科　×1.5

小笠原諸島以外日本全国に分布。アケビ科、ツヅラフジ科、メギ科、カキノキ科など多くの種類の植物の葉。成虫。
成虫は年に2回（5～11月）発生。成虫は夜行性でブドウ・モモなどの果実に口ふんを突きさし、果汁を吸うため、果樹園などの害虫となります。

枯れ葉色やもようでかくれる

はねの裏の枯れ葉色が保護色になり、枯れ草の間で越冬します。

キタテハ　×1.0　タテハチョウ科

幼虫の食草のカナムグラ（アサ科）が、荒れ地やがけ地、線路ぎわなどにはえるため、都市部にも多く生息。成虫。
成虫は年に2～5回（春から晩秋）発生。

枯れ葉や樹皮のような色あいの保護色が迷彩効果に

多くのタテハチョウのなかまは、はねの裏が枯れ葉や樹皮のような色やもようです。樹木にとまって、はねを閉じると見つかりにくくなります。

ルリタテハ　×2.0

①擬態 ➡ 色、形、もようなどの見た目や動きなどを、周囲の物に似せて、自分を目立たなくしたり（カムフラージュ）、毒のある動植物に似せて、わざと目立つようにしたりすること。外敵から身をまもるために擬態する場合や、獲物に気づかれないように擬態する場合があります。

公共緑地に
ほしい植物は何？

　公共緑地のがけ地や裸地などは、大型の雑草がしげったり、土が乾燥したり流出するのを防ぐために、草丈の低い植物でおおう（グラウンドカバー）必要があります。
　グラウンドカバーとして、植栽しやすく、手がかからないシロツメクサ（牧草・帰化植物）を、スミレ、タンポポ、ツクシ、カタバミなど、その土地に昔からある在来種とともに植栽すると、いろいろな花のさく草地になります。そして、チョウやバッタなど、小さな生き物の吸蜜源や食草になるとともに、大型の雑草がはえる余地がなくなって除草の手間もはぶけます。

1 木を大きくしすぎない

食草の木は、手入れや観察がしやすい高さ（160cmくらい）を保つように、幹や枝を切って管理しましょう。

2 落ち葉環境

チョウのなかまには、幼虫やサナギが落ち葉の中で越冬する種があります。食草の木の下につもった落ち葉は、残しておきましょう。

3 草の管理

成虫が枯れ草の間にもぐりこんで越冬する種もあります。草をすべて刈りとってしまわず残しておく場所が必要です。

IV 飼育と観察で見えてくる生態

多くのチョウは、その種類にあった新鮮な食草があれば飼育できます。しかし幼虫の成長段階によって、食べる食草の部分がちがうことがあります。採集するときには、その幼虫が食草のどの部分を食べているか、よく観察しましょう。

室内で飼う・室外で飼う
食草を十分用意し清潔に管理しよう

室内飼育

(1)オオムラサキ①
風通しのよい飼育箱②と、新鮮な食草が必要。

幼虫を飼育するためには、飼育箱に入れた幼虫をよく観察して、エサが不足しないようにします。

朝晩ようすを見ながら世話をします。そうじのときには、幼虫を葉や枝にとまらせたままとり出して、食べ残しのエサやフンをすてて新しいエサを入れます。若齢の幼虫を、葉の裏などにまぎらせたまますてないように、幼虫の数を確認しながら、飼育箱にもどします。幼虫の飼育数は多くても5匹まで。少ない数をていねいに飼いましょう。

風通しのよい飼育箱の作り方
空き箱を切りぬいて、ネットをはります。

段ボール箱に、防虫網を粘着テープではります。織り目のあらい布やネットを使って作りましょう。

飼育箱の中には、古新聞をしいておきます。

幼虫が水に落ちない工夫
水に落ちた幼虫は、おぼれて死にます。密閉容器のフタに、目打ちで穴をあけて、エノキの小枝をさします。幼虫の成長にあわせて、食べる量を確かめながらあたえます。

穴

密閉容器に、たっぷり水を入れて食草を新鮮に保ちます。

(2)アゲハ
多くのアゲハチョウのなかまは、ミカンやレモン、ユズ、サンショウなどミカン科の植物を食草とします。

食草を枝ごと入れず、必要な量の葉をたばね、根もとに水をふくんだティッシュを巻きつけてから、アルミホイルで包み、飼育ケースに入れても飼えます。飼育ケースの底にティッシュをしくと、フンや食べ残しを集めてすてるのにも役立ちます。
アゲハやクロアゲハの幼虫は、葉についた水を飲むので、新しい葉を入れるときに、きりふきで水をふきます。③

プラスチックの飼育ケース
逃げたり、寄生を防いだりするために、ガーゼをゴムでしばります。

アゲハ　5齢(終齢)幼虫 1匹　半日分の食草　ティッシュをしく

卵や幼虫への寄生を防ぐ
飼育をするときには、チョウの卵や幼虫にハチやハエが寄生するのを防ぐ工夫をしましょう。
寄生には、卵や幼虫の体内に直接卵を産みつけるハチによるものと、食草に産んだ卵を幼虫に食べさせて、間接的に体内に入りこむハエによるものがあります。葉に産みつけられた卵は、肉眼ではわからず、洗ってもあまりとりのぞけません。
幼虫に寄生したハチやハエは、幼虫がサナギになると中身を食べつくし、幼虫や成虫の姿で、サナギの皮を破って出てきます。卵に産卵するキイロタマゴバチ(左図 ×8.0)は、卵の中身を食べつくして大量に羽化します。

食草の準備
食草を採取したら水でよく洗い、水の中で茎を短く切って(水切り)、コップやビンにさしておくと、2～3日使えます。
ミカン科の木には、するどいトゲがあるので、自分がケガをしないように、あらかじめトゲを切りとっておきましょう。

毎日水をかえます。

---

①オオムラサキの室内飼育➡オオムラサキを室内で飼うと、標準の大きさに育たないことがあります。
②風通しのよい飼育箱➡エノキの葉は、風通しの悪い飼育ケースではしおれやすくなります。オオムラサキは、しおれかけた葉は食べません。標準の大きさに育つように、必要な量の食草をあたえるためには、たっぷりの水にさした食草を、風通しのよい飼育箱 の中に入れるとよいようです。

室外飼育　食草の枝や植木鉢に袋をかける

中がすけて見える、織り目のあらい白い布(ナイロンかポリエステル製)で袋を作り、枝や植木鉢にゴムなどでしばりつけ、幼虫の成長を観察します。

幼虫が逃げ出さないように、しっかりしばります。

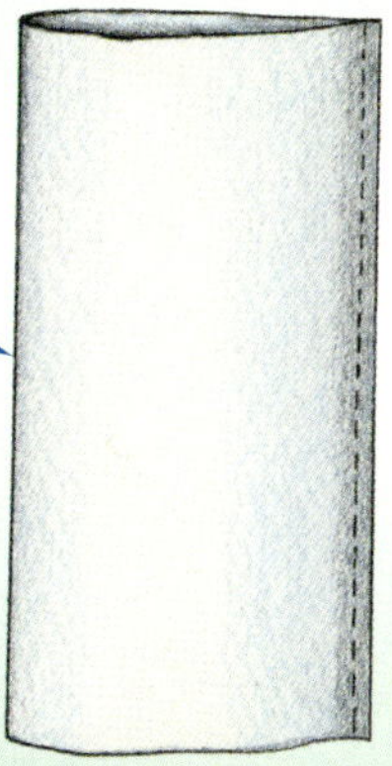

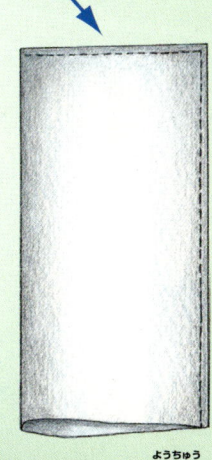

袋をかける枝や植木鉢の食草に、幼虫の天敵がいないことを確認してから、幼虫を葉にとまらせて、袋をかけます。毎日、幼虫のようすを観察し、数を確認します。

室内や屋外で飼育をするときには、観察するたびに、飼育ノートをつけて、幼虫が葉を食べる量や、脱皮や変態などを記録しましょう。葉が少なくなってきたら、ほかの枝や植木鉢に幼虫を移動させて袋をかけます。

袋をかけることで、幼虫が逃げ出さず、寄生などもさけられます。植木鉢は観察しやすい場所に置きましょう。

Ⅳ. 飼育と観察で見えてくる生態

コラム3. 幼虫の頭と角　くさい角(臭角)を出す幼虫と、かたい角がある幼虫

ナガサキアゲハ　5齢(終齢)幼虫

頭のはばが、胸のはばよりずっと小さく、眼状紋のある胸が頭のように見えます。

体の中から臭角を出したようす ×3.0

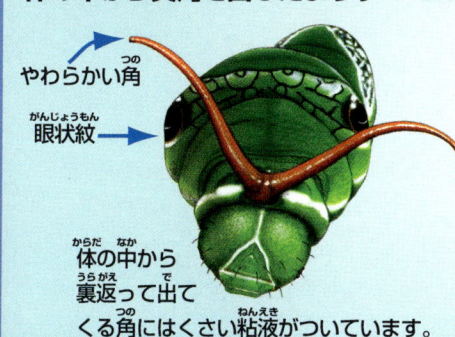

やわらかい角
眼状紋

体の中から裏返って出てくる角にはくさい粘液がついています。

オオムラサキ　6齢(終齢)幼虫

頭のはばが胸のはばに近い。

かたい角

×3.0

幼虫の頭のカラがついた成虫④

幼虫の頭のカラが、蛹化のときにはずれないままで、羽化をしためずらしい姿です。

野生・飼育ともに、このようなことがおきる場合があります。毎日ていねいに飼育をしつづけて観察しましょう。

♂×1.0

頭とあしが、不完全な姿です。

アゲハチョウのなかまの幼虫には臭角があり、タテハチョウのなかまの幼虫には、かたい角や、やわらかい角があるものがいます。

③きりをふく➡湿度の高いときにきりをふくと、飼育ケースの中がむれてしまいます。飼育ケースのかべに、水滴がつくほど葉をぬらしてはいけません。幼虫のようすをよく観察しながら、水をあたえましょう。
④幼虫の頭のカラがついた成虫➡幼虫の頭のカラの中で成虫の頭が作られたために、触角や目、口が正常にできあがらず、すぐ死にました。

35

卵からサナギまでの成長

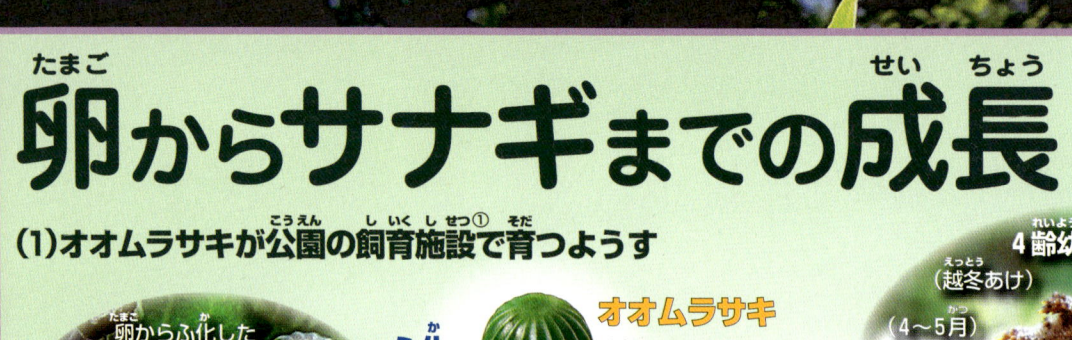

(1) オオムラサキが公園の飼育施設①で育つようす

オオムラサキ
卵（6〜7月）×12.0
6〜8日（成長段階の日数）

卵からふ化した1齢幼虫（6〜7月）×12.0
ふ化
4〜10日

脱皮
2齢幼虫（7〜8月）×8.0
6〜13日

脱皮
3齢幼虫（7〜8月）×3.0
7〜24日

脱皮
4齢（越冬）幼虫（10月ごろ）×3.0
体の色が少しずつ茶色くなります。
30〜46日

11月ごろには、体の色がほとんど茶色くなって、木をおります。
越冬 落ち葉の裏（11月〜翌年4月）180〜210日

4齢幼虫（越冬あけ）（4〜5月）×3.0
4〜10日

脱皮
5齢幼虫（4〜5月）×3.0
9〜19日

オオムラサキの幼虫は、室内よりも室外の植木鉢などで飼育する方がむいています。ここでは、公園の中のオオムラサキ園で育つようすを、生態写真とともに紹介しました。

(2) アゲハが室内で育つようす

越冬したサナギから、翌春羽化した成虫を春型のアゲハとよびます。春型のアゲハが産んだ卵は夏型のアゲハ②になり、秋までに発生する成虫はすべて夏型です。幼虫の成長期に日照時間が13時間半以下になると、越冬するサナギになります。

アゲハ
卵（じっさいの大きさ）
ふ化
4〜7日（成長段階の日数）

1齢幼虫
脱皮
2〜4日

2齢幼虫
脱皮
2〜4日

3齢幼虫
3〜5日

① 飼育施設➡荒川自然公園（東京都荒川区）の中にある、「NPOオオムラサキを荒川の大空に飛ばす会」が管理する「オオムラサキ園」で、観察したようすです。成長日数は、暖地や寒冷地でかわります。室内で飼育すると越冬せずに羽化することもあります。
② 夏型のアゲハ➡1日13時間半以上明るく、20度以上に保たれた室内では1年中夏型のアゲハが羽化します。

Ⅳ. 飼育と観察で見えてくる生態

冬眠から目ざめた幼虫は6月ごろまでに蛹化します。

6齢(終齢)幼虫
(5～6月)

×3.0

×1.0

脱皮 → 蛹化 → サナギ ×1.0

前蛹(1日だけの姿)
寒冷地では、前蛹の姿で2～3日すごす場合もあるようです。

終齢幼虫は、毎日せっせと葉を食べて、5齢幼虫の体長の2倍以上も大きくなります。
幼虫は、成長しきる(老熟する)と、尾脚を固定して前蛹になります。

15～22日

12～22日

脱皮 →

尾脚

オオムラサキのサナギの形 → 垂蛹
木の上で、頭を下にして尾脚を枝や葉に固定してサナギになります。

アゲハのサナギの形 → 帯蛹
木の上で、糸の輪で体をささえて頭を上にしてサナギになります。

越冬するサナギ

夏型のサナギ
7～10日で羽化します。

越冬④
(11月ごろ～翌年4月)

蛹化 ← 脱皮

前蛹(1日)

4齢幼虫

5齢(終齢)幼虫

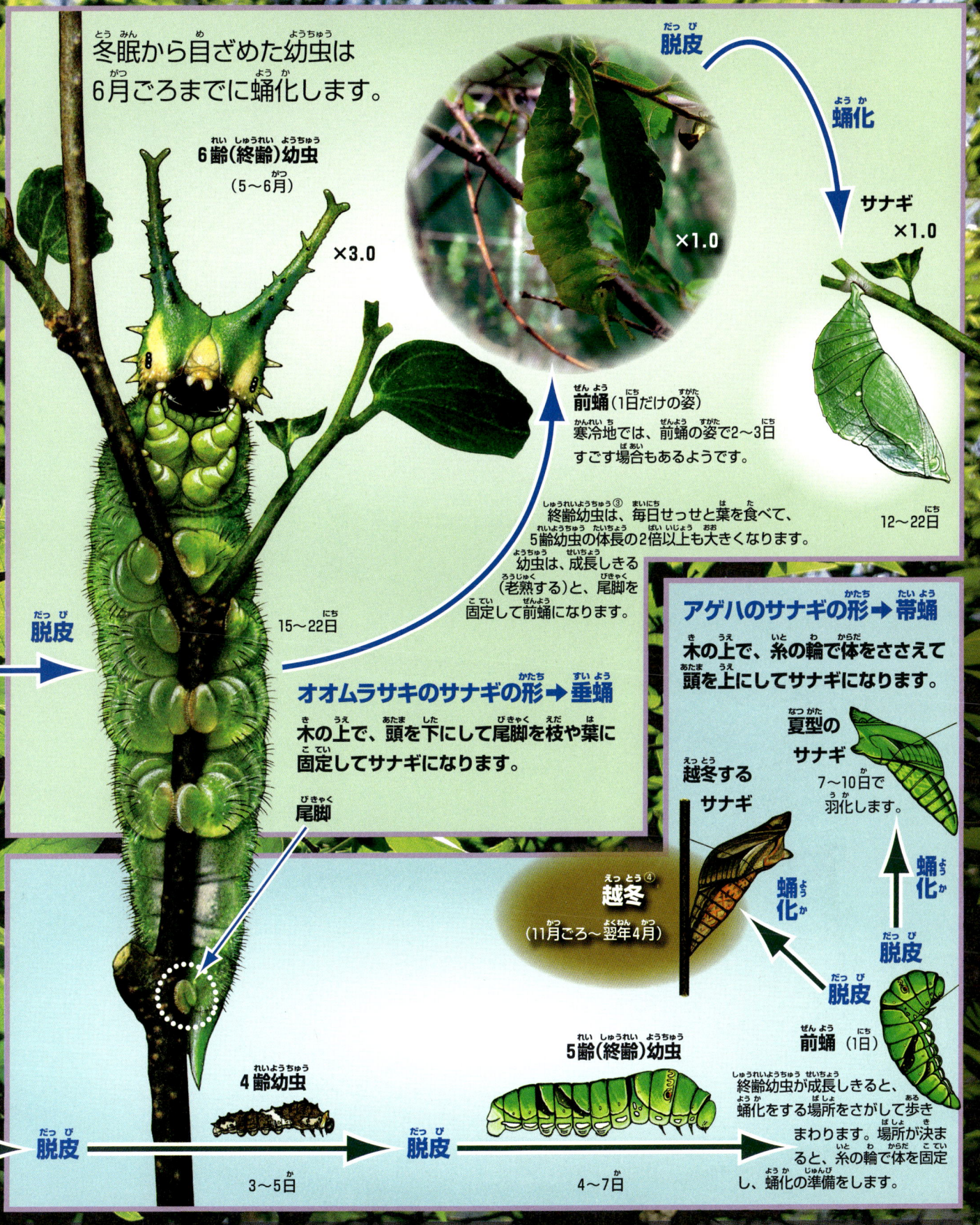

終齢幼虫が成長しきると、蛹化をする場所をさがして歩きまわります。場所が決まると、糸の輪で体を固定し、蛹化の準備をします。

脱皮 → 3～5日 → 脱皮 → 4～7日 → 脱皮

③ 終齢幼虫 ➡ オオムラサキの終齢幼虫の多くは6齢です。しかし、5齢や7齢が終齢になる場合もあります。アゲハの終齢幼虫は5齢ですが、6齢まで育って、大きな成虫が羽化することもあります。
④ 越冬 ➡ 蛹化するときの気温によって6月くらいに越冬蛹になることもあれば、街灯の照明などが影響して12月ごろでも羽化することがあります。

37

羽化、チョウへの変態

蛹化して10日後くらいからサナギの色の変化に注意して観察します。

オオムラサキ 羽化

羽化が近づくとサナギの色がかわり、はねの色が見えてきます。

サナギ ×1.0

横から見たところ。

体やはねの色がすけて見えてきます。
これくらい色がかわってきたら羽化します。

いよいよ羽化
われめが入ると、2〜3分で羽化終了。

節がのびます。

われめができて羽化開始

われめから背中がわが見えます。

われめをおしひろげて出てきます。

アゲハ サナギの色がかわったら、羽化をまつ

色の変化を背中がわから見たようす。
だんだん体やはねの色がすけて見えてきます。

はねの色がすけてくっきり見えるようになると、2〜3時間後には羽化がはじまります。

羽化を横から見たようす。
われめが入ると、すぐに成虫が出てきます。

われめ

サナギにわれめが入ると羽化がはじまり、約1分でおわります。

われめをおしひろげて、カラを出た成虫はそのまま上にのぼっていきます。

羽化直後は、はねが小さい。
腹部の体液をはねに送ってはねをのばします。

のびはじめたはね

太い腹部

羽化
小さなはねがどんどんのびていきます。

Ⅳ. 飼育と観察で見えてくる生態

口ふんが
のびています。

2本にわかれた口ふんを
さかんに動かして
1本にあわせます。①

頭を下にして
サナギから出ると、
くるりとむきを
かえてサナギのカラに
つかまります。

羽化
腹部の体液をはねに送り、
20〜30分かけて
はねをのばします。

はねがだんだん
のびて
いきます。

♀

羽化後1時間くらい休む
それから飛び立つまでには3〜5時間くらい、
静かに羽化したあたりにいるので、写真をとるチャンスです。

2〜3時間休んで飛び立ちます。

♂

羽化後、20〜30分かけて
はねがのびきると
しばらく休みます。

① 口ふんを1本にあわせる ➡ 2本にわかれた口ふんがちゃんと1本にあわさらずに固まってしまうと、エサが吸えず、生きられません。

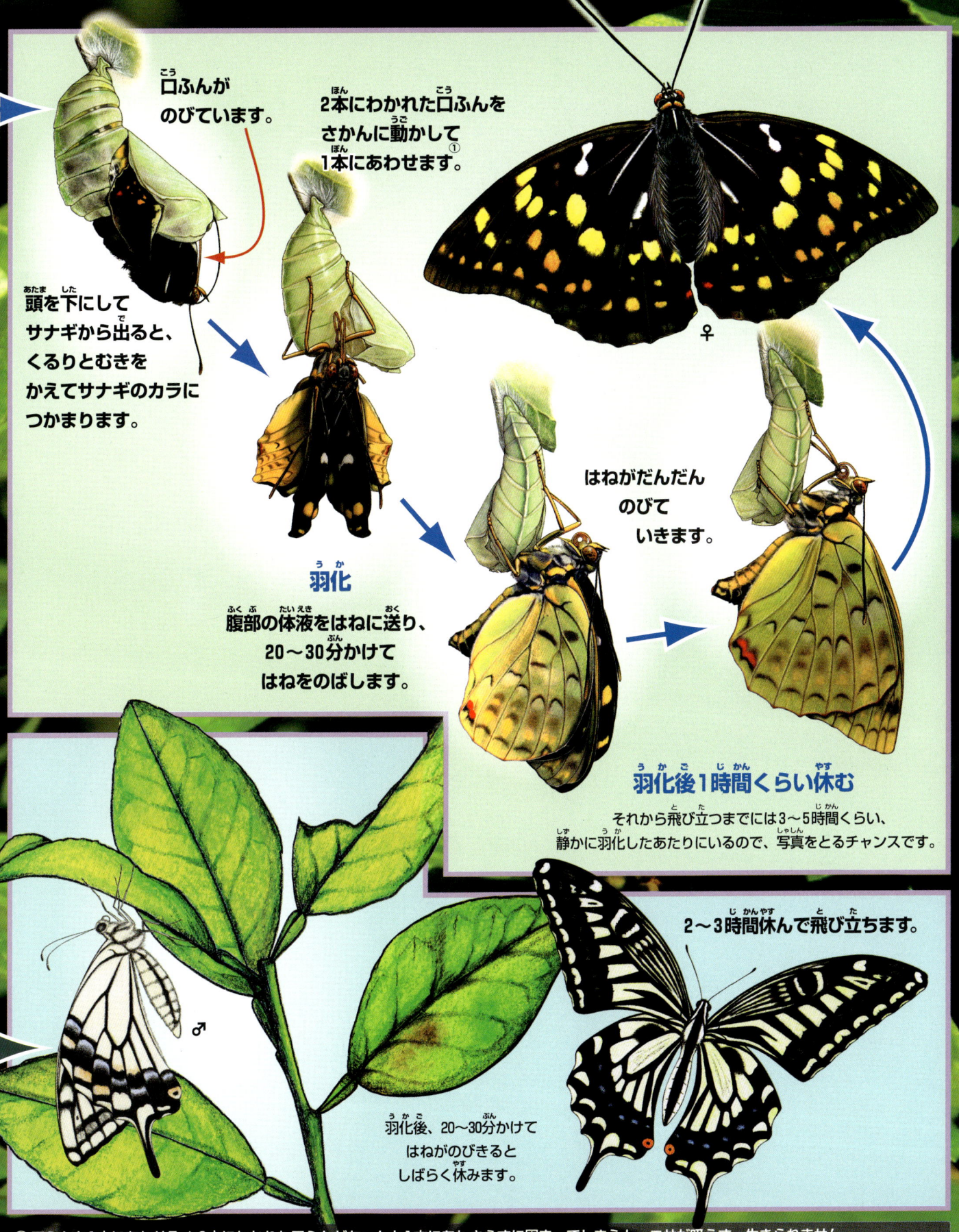

交尾・産卵

オオムラサキ 交尾前のお見あい ×1.0

オスとメスが出会うとしばらく向かいあっておたがいにさわりあいます。

交尾

オオムラサキの交尾は3〜10時間かかります。

産卵

エノキの葉や枝に産卵します。

卵 ×12

産卵のはじめには、1カ所に100個くらいもの卵を産みます。だんだん数をへらし、あちこちの葉などに合計500個くらい産卵します。

アゲハ 交尾 ×0.7　産卵 ♀×1.0　ミカン科の木の葉や枝に産卵します。

2〜3時間かかるのでそっとしておきましょう。

1カ所に1個ずつ卵を産んでは移動し、あちこちの木に合計で100〜200個ほど産卵します。

外来種は最後まで飼う

　チョウをふやすため、またはもどすために、外国や別の地域のチョウをつれてきてはいけません。もし、そこに同じ種のチョウがすんでいれば、つれてきたチョウと子孫を残すことで、もともとの特徴が失われるかもしれません。これを「遺伝子かく乱」といいます。また、同じ種がいなくても、もとからいた生き物に悪影響をあたえるかもしれません。これが「外来種問題」です。そのチョウが、日本国内に分布する場合は、「国内外来種問題」（→P.19）とよびます。飛翔力のあるチョウは、自力で飛来してすみつくこともありますが、自然のわくぐみをこえて人間が移動させてはいけません。

　保護活動をする場合は、地域の大学や博物館などの専門家に、よく相談してから始めましょう。

　20世紀の終わりに、人がはなしたといわれるアカボシゴマダラが、神奈川県からどんどんひろがっています。クロマダラソテツシジミや、オオモンシロチョウのような注意すべき種（→P.46～47）も、ひろがっています。もしもその地域にはいない種を飼育する場合は、室内で飼育し、死ぬまで飼いつづけましょう。

アカボシゴマダラ　×0.6

Ⅳ・観察で見えてくる生態

コラム4. 幼虫のフンにある葉緑素で布を染める

　チョウやガの幼虫のフンには葉緑素があります。カイコのフンは、工芸品の染料になるので、オオムラサキのフンを使って、草木染めの① 技法で、絹の布を染めてみました。②

フン100gで、絹の布が100g染まります。

焼きミョウバンを媒染剤にして染めた色。

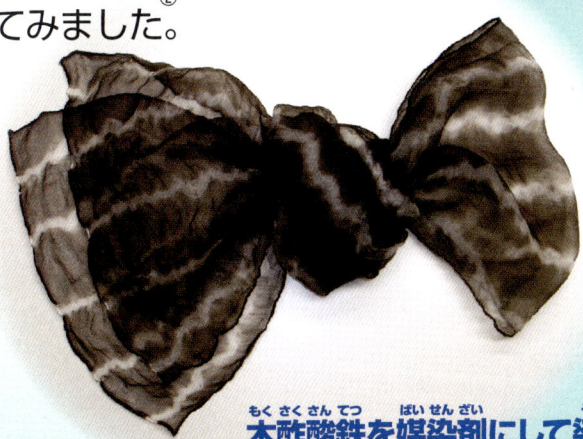

木酢酸鉄を媒染剤にして染めた色。

① オオムラサキのフン→ここで使用したフンは、「NPOオオムラサキを荒川の大空に飛ばす会」に、ご提供いただきました。
② 絹の布を染める→草木染めの染織家、庄山すなお氏と板野ちえ氏（群馬県桐生市・工房「風花」主宰）にご指導いただき、「NPOオオムラサキを荒川の大空に飛ばす会」の方々と、庄山すなお氏の千葉県館山市のアトリエで染めました。

チョウは採集され、幼虫は害虫として駆除される？

チョウが減少する原因の一つには、人々による採集があります。また、ある地域の種をふやすためにほかの地域から移入（国内外来種 ➡ P.19）させると、その環境には適さない性質がひろまり、ほろんでしまうかもしれません。農作物や園芸植物を食べる幼虫は駆除されますが、それらを食べない種でも、タテハチョウ類など、毛虫のような姿の幼虫は、不快害虫として駆除されることが多いでしょう。

1 食草の保護と管理

食草となる植物には、はびこりやすい種や、反対にほかの植物の日かげになると育たない種などがあるので、食草の性質をよく観察し、のばしすぎずふやしすぎず、切ったりぬいたりするなどの管理をします。

2 国内外来種問題をおこさない

ほかの地域からチョウをもちこむことで、病気のまん延や、遺伝子の変化で絶滅をまねくなどの問題がおこることもあります。

3 保護と駆除

絶滅が心配される種類がふえています。未来の子どもたちが、今いるチョウに会えるように、地域の人々や行政機関と協力し、生息地の保全や外来種の駆除などをおこなって、チョウを守りましょう。

Ⅴ 人間とのかかわり

漢字が伝来したころは、カイコを「蛾」、ほかの鱗翅目は「蝶」と書き、チョウとガの区別はありませんでした。古くから伝わる衣装や道具などに「蝶の図案」が使われているように、昔からチョウは身近な存在で、多くの人々にこのまれてきました。100年先の子どもたちに、チョウがくらす環境をわたす方策を考えていきましょう。

バタフライガーデンの維持

ツマグロヒョウモン　アゲハ　モンシロチョウ　ヤマトシジミ　カタバミ　モンキチョウ　シロツメクサ　ベニシジミ　ランタナ　スミレ　ブッドレア　クロアゲハ　タンポポ　ツマキチョウ

在来種と園芸種を管理する

　バタフライガーデンを作るには、食草となる在来種（雑草とよばれる種もあります）と、吸蜜源となる見た目の美しい園芸種を地形にあわせ、配置して植えます。路かたやがけ地の土どめ、あるいは、草原のようにしたい場所にはシロツメクサやスミレ、タンポポ、カタバミなどを植えます。ジャノメチョウやセセリチョウの食草のススキやジュズダマは、草丈が高くなるので、がけのすみなど、ほかの大型の雑草がはえると困る場所に植え、ふえすぎないように管理します。花だんや畑の管理で大変なのは草とりです。はえてほしくない植物がはえてきたらすぐ根もとから切ります（ぬくと土がくずれます）。

屋上やベランダでの身近な緑化

屋上やベランダなどで花や野菜を育てたり、鳥や昆虫をよぶビオトープ①を作ったりして、ヒートアイランド現象をやわらげましょう。

学校など、夏休みの一定期間、学生や職員の立ち入りが禁止される場所では、その期間の水やりに困ります。また、毎日の水やりの人手がない施設もあります。右の写真、東京都文京区にある獨協中学・高等学校の屋上には、自動的に給水するプランターが設置されています。スイカ、トマト、ゴーヤなどが実り、野菜に花がさけば、ハチやセセリチョウなどがおとずれて、受粉を助けます。

イチモンジセセリ

チャバネセセリ
セセリチョウ科　♀×1.0
イネ科などの植物。　幼虫。
成虫は、年に3～4回(5～11月)発生。成虫は、子孫を残しながら北上します。

スミレ

ブラウンルーフ活動②

「ビル化をして失われた地元の自然を、屋上という空に開かれた空間によびもどそう」という考え方の「ブラウンルーフ活動」が、スイスから英国にひろがり、日本でもためされるようになりました。

建物に負担をかけないため、多くの土を必要としないスミレ、カタバミ、シロツメクサなどを植えます。はびこるヤブカラシやススキなどは、プランターに植えてすみに置き、チョウや鳥をよびます。

アオスジアゲハ

ヤブカラシ

Ⅴ. 人間とのかかわり

①ビオトープ ➡「生き物がすむ場所」という意味のドイツ語。生き物をよびこむための環境を構築し、管理しつづけます。
②ブラウンルーフ活動 ➡ 屋上に土を入れることは、建物の強度や防水に対して問題をおこす場合があります。しかし、多くの土を入れることは無理でも、草丈の低い草で屋上をおおうことは多くのビルで可能です。屋上全体に植物がひろがると、寒暖の差をやわらげて光熱費がへります。

注意すべき種　作物を食べるチョウ

野菜が食草
キアゲハ　アゲハチョウ科

セリ科のセリ、シシウドなどの野生種や、ニンジンの葉、パセリなどの野菜。サナギ。
成虫は、本州の暖地で年に3～4回（4～10月）発生。農薬が使われない時代には人里の畑地にくらしていたので、都市部にもいた種です。現在は、食草がはえる山や、無農薬の野菜を栽培する畑地などに生息します。

♂ ×1.0

イネが食草
イチモンジセセリ
♀ ×1.0

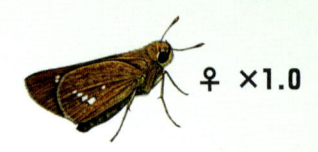

ミカンなどが食草
アゲハ
♂ ×0.4

オオモンシロチョウはロシアから飛来し、1995年に初めて北海道で確認されました。北海道に定着後、津軽海峡をこえて青森や岩手にひろがりました。飛ぶ姿では、モンシロチョウとの区別がむずかしいので、写真にとって見わけましょう。

キャベツなどが食草
オオモンシロチョウ　外来種
モンシロチョウとの見わけ方

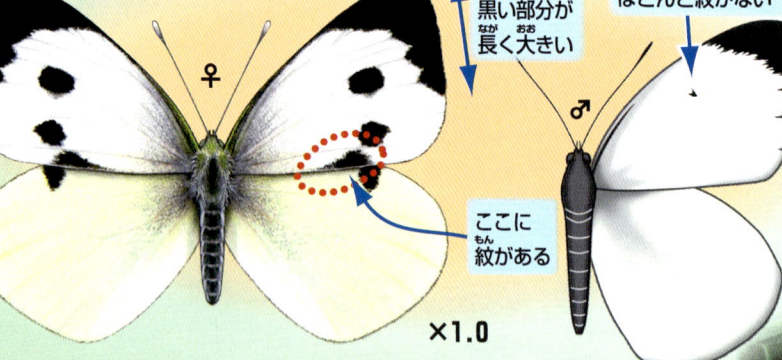

- 黒い部分が長く大きい
- オスのはねの表側にはほとんど紋がない
- ここに紋がある

×1.0

♂ ×0.6

モンシロチョウ
×1.0

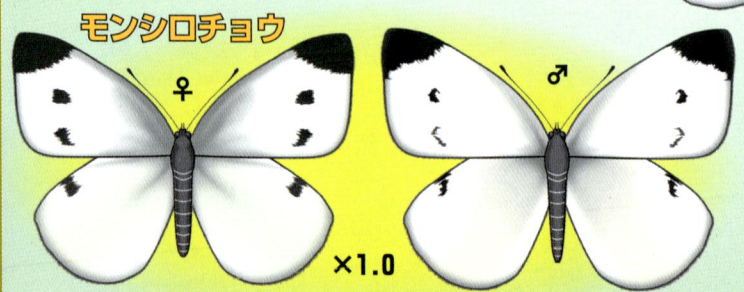

両種とも幼虫の食草は、キャベツ、ケール、アブラナ、ブロッコリーなどアブラナ科の農作物です。ただし、オオモンシロチョウは産卵数が多く、産卵した卵に気がつかないと、50～60ヘクタールものキャベツや、ケールの畑を、1週間か10日で食べつくすといわれています。

オオモンシロチョウ　幼虫×1.0

園芸種を食べるチョウ

クロマダラソテツシジミ　シジミチョウ科
外来種　熱帯アジア原産
① ソテツの新芽が食草

🌿 ソテツ科のソテツ。　不明。フィリピンや台湾などから沖縄県に侵入して定着。毎年夏〜秋に九州へ北上し、関西地方で発見されるようになり、2009年には東京都で初確認。成虫は八重山列島では1年中発生します。

食草にとまる成虫♂　×1.0　♀

サツマシジミ　シジミチョウ科
庭木の花芽が食草

×1.0 ♂

🌿 サンゴジュのつぼみなど。南方からひろがり、季節ごとに食草をかえて命をつなげています。
🌱 サナギ。九州南部では不定。
成虫は年に4〜6回（4〜11月）発生。2012年の北限は静岡県。

ツマグロヒョウモン
園芸種と野生種のスミレが食草
→ P.20

♂ ×0.6　終齢幼虫 ×0.6

幼虫は毒々しい色で、とげだらけです。しかし、とげに毒はなく、さしません。

公園や学校、道路沿いの花だん、家庭の庭やベランダ、玄関先のプランターなどに、パンジーやビオラが植えられ、食草が豊富になったため、どんどん北上し、定着しています。

コラム 5. 北上するチョウ

チョウは種によって北から南、南から北へと旅をします。それぞれがたどりついた先で子孫を残しますが、寒すぎたり暑すぎたりすれば死に、生息条件があえば生息地がひろがります。

「地球温暖化で北上するチョウ」と、いわれるツマグロヒョウモンやナガサキアゲハは、最近では東北地方まで北上しています。

温暖化だけではなく、食草の植栽などの影響もともなって、多くのチョウが移動して、命をつなげていくのでしょう。

ツマムラサキマダラ
♀ ×1.0

タテハチョウ科

🌿 キョウチクトウ科のリュウキュウテイカカズラ、クワ科のベンジャミンなど。
成虫は八重山列島では1年中見られます。沖縄県の迷蝶だった種。1990年代から定着。

V. 人間とのかかわり

①ソテツ➡ソテツ科の常緑低木。九州南部および南西諸島に分布し自生。おもに、海岸近くの岩場に生育。公園や学校などにも植えられています。本州中部以南の各地では、冬期はわらで防寒します。寒冷地では、温室に植栽されています。くり返し新芽が食べられると木全体が枯れます。

47

作物や食品を食べるガ

果実が幼虫のエサ

モモノゴマダラノメイガ　ツトガ科 ♂×2.0

本州以南の日本各地に分布。🌱 モモなど多くの果実を幼虫が食べます。🌱 幼虫。

成虫は年に2〜3回（5〜9月）発生。果実の中に入るので果樹園などでは、殺虫剤で防除します。近年フェロモン剤を使ってガの繁殖をおさえ、殺虫剤を使う回数を減らす研究がおこなわれています。

穀物・スナックが幼虫のエサ

ノシメマダラメイガ　メイガ科

幼虫 ×1.5

成虫 ×3.0

成虫は、口器が退化しているので、エサを食べません。

日本全国に分布。自然状態では、鳥やハチの巣から発見されています。🌱 野外では幼虫。

幼虫は、米ヌカや小麦粉などの穀粉、穀類、乾燥果実、コーヒー豆、調味料、クッキーやチョコレートなどの菓子類、飼料やペットフードなど、非常に多くの食品を食べます。

北日本で年2回、南日本で4〜5回くらい発生すると考えられています。暖房のきいた屋内では、常に卵から成虫までが混在して見られます。

毒の針でさすガ

毒針毛（非常に短く粉のような針）がささる

チャドクガ　チャドクガ科

本州以南の日本各地に分布。🌱 ツバキ科のチャノキ、ツバキ、サザンカなど。🌱 卵。

成虫は年に2回（4〜10月）発生。幼虫は集団ですごし、びっしりかたまって葉を食べます。卵塊から集団発生をするので、気づかないでいると、おとなの背たけほどの植物の葉を食べつくします。また、毒針毛がささって被害にあいます。

幼虫・サナギ・成虫に毒針毛があります。卵塊には、成虫が体毛と毒針毛をなすりつけます。

成虫 ×1.5

幼虫 ×1.0

🌱 ツバキ　ツバキ科

もしも毒針毛にふれたら

1. ふれたときに痛みはなく、あとからヒリヒリと痛くなり、強いかゆみがきます。かくと針が折れてささったり、症状がひろがります。
2. 毒針毛がふれたとわかったときは、その場所にセロハンテープをくり返しあてて毒針毛を取りのぞき、流水で洗い流してから、抗ヒスタミン軟膏、ステロイド軟膏などをぬります。
3. アレルギー体質や、かゆみがひどい場合は医師に相談します。衣服も毒針毛をとりのぞいてから洗います。

園芸種が食草

オオスカシバ　スズメガ科 ×1.0

昼行性なので見つけやすい種です。

本州、四国、九州、沖縄に分布。鱗粉のない透明なはねで、日中活動し、都市部の公園などにも生息。🌱 アカネ科のクチナシ。🌱 サナギ。

成虫は年1〜2回（夏）発生。飛びながら花の蜜を吸うので、ハチドリやハチにまちがわれることがあります。

カイコのように絹糸を作るガ

日本在来の代表的な野蚕（絹糸を作る野生のガ）、別名「天蚕」

成虫 ♂ ×0.5

カイコガ ♂ ×1.0

カイコとヤママユのマユ①

カイコは、良質の長い絹糸がとれるように改良された昆虫の家畜です。1個のマユから約1500mくらいの長さの絹糸がとれます。ヤママユのマユからは、緑がかった約500mくらいの長さの絹糸がとれ、カイコからとれる絹糸よりも光沢があり張度が強い糸になります。

ヤママユ ヤママユガ科 終齢幼虫 ×1.0

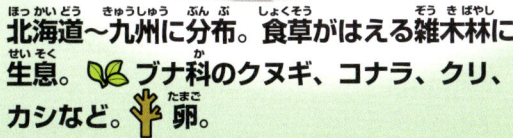

北海道〜九州に分布。食草がはえる雑木林に生息。🌿ブナ科のクヌギ、コナラ、クリ、カシなど。🌱卵。成虫は年に1回（8〜9月）。鮮やかな緑色のマユを作ります。

コラム6. チョウのようなガ

オオミズアオ ヤママユガ科 ♂ ×1.0
北海道から九州にかけて分布。
🌿サクラ、クリ、カエデ、ミズキなど。🌱サナギ。
成虫は年に2回（4〜8月）発生。サクラの葉を食べるために、都心のビル街の街路樹などにも生息します。

アゲハモドキ アゲハモドキガ科
ジャコウアゲハに擬態しているといわれます。×1.0
北海道〜九州に分布。🌿ミズキ科の植物。🌱サナギ。
成虫は年に1〜2回（6〜9月）発生。

イカリモンガ イカリモンガ科 ×1.0
北海道〜九州の平地から山地に分布。🌿シダ植物のイノデ属。🌱成虫。
成虫は年に2回（4〜8月）発生。昼行性で、はねを閉じてとまり、触角も細く、チョウのように見えます。

V. 人間とのかかわり

①カイコとヤママユ➡カイコガやヤママユガのなかまのほか、ミノガのなかまの成虫は、口が退化しています。これらの成虫は、幼虫時代に蓄えた栄養分で生きています。また、口が水分を吸うストローのような形（口吻）に進化しないで、大あごで花粉などを食べる「コバネガ」のなかまもいます。

身近な生息種を知り、地域に

この本で紹介したチョウとガのなかまは、身近な公園などの公共緑地で見かける種です。以下の学名一覧に掲載した、都内で確認した34種のチョウとガは、2011年3月～2012年5月までに、東京都千代田区、新宿区、文京区、荒川区、足立区、練馬区の公園などの公共

コミスジ ×0.8

サトキマダラヒカゲ ×0.7

ウラナミシジミ ×1.0

掲載種の学名一覧

●広く身近に見られる種●
(東京都の区部では、このほかアカボシゴマダラを確認しました)

◆チョウ◆

- アオスジアゲハ　Graphium sarpedon ………… 19、45
- アカタテハ　Vanessa indica ………… 20
- アゲハ　Papilio xuthus ………… 8、16、17、28、31、34、35、36、37、38、39、40
- イチモンジセセリ　Parnara guttata ………… 23、45、46、52
- ウラナミシジミ　Lampides boeticus ………… 22、50
- キアゲハ　Papilio machaon ………… 46
- キタキチョウ　Eurema mandarina ………… 14、15
- キタテハ　Polygonia c-aureum ………… 30
- キマダラセセリ　Potanthus flavus ………… 23
- クロアゲハ　Papilio protenor ………… 16、17、44
- ゴマダラチョウ　Hestina persimilis ………… 21
- コミスジ　Neptis sappho ………… 21、50
- コムラサキ　Apatura metis ………… 51、52
- サトキマダラヒカゲ　Neope goschkevitschii ………… 21、50
- ジャコウアゲハ　Atrophaneura alcinous ………… 18
- スジグロシロチョウ　Pieris melete ………… 10、14
- チャバネセセリ　Pelopidas mathias ………… 45
- ツバメシジミ　Everes argiades ………… 22
- ツマキチョウ　Anthocharis scolymus ………… 10、15
- ツマグロヒョウモン　Argyreus hyperbius ………… 11、20、44、47
- ナガサキアゲハ　Papilio memnon ………… 17、35
- ヒメアカタテハ　Vanessa cardui ………… 20、28
- ヒメジャノメ　Mycalesis gotama ………… 21
- ベニシジミ　Lycaena phlaeas ………… 23、44、51
- モンキチョウ　Colias erate ………… 15、44
- モンシロチョウ　Pieris rapae ………… 8、10、14、44、46
- ヤマトシジミ　Zizeeria maha ………… 22、31、44
- ルリタテハ　Kaniska canace ………… 20、30

↓東京都内のケージの中で育つチョウ
- オオムラサキ　Sasakia charonda ………… 9、31、34、35、36、37、38、39、40… ★準絶滅危惧★

◆ガ◆

- アケビコノハ　Eudocima tyrannus ………… 30
- オオスカシバ　Cephonodes hylas ………… 48
- オオミズアオ　Actias aliena ………… 49
- オオミノガ　Eumeta japonica ………… 30
- チャドクガ　Arna pseudoconspersa ………… 48

●地域によって身近に見られる種●

◆チョウ◆

- カバマダラ　Danaus chrysippus ………… 11
- ギフチョウ　Luehdorfia japonica ………… 6、19 … ★絶滅危惧Ⅱ類★
- サツマシジミ　Udara albocaerulea ………… 31、47
- シルビアシジミ　Zizina emelina ………… 22、31
- ツマムラサキマダラ　Euploea mulciber ………… 47
- ミカドアゲハ　Graphium doson ………… 19 … ★絶滅危惧Ⅰ類★

◆ガ◆

- アゲハモドキ　Epicopeia hainesii ………… 49
- イカリモンガ　Pterodecta felderi ………… 49

命をつなげる環境を保全しよう

緑地で撮影して確認した種です(撮影できなかった種もあります)。また、見わけにくい種や、高木の上を飛び確認しにくい種は掲載しませんでした。以下の5種は、全国的にはめずらしい種ではありませんが、東京の都心部では、ややめずらしい種になります。

コムラサキ ×0.7

ベニシジミ ×1.0

チョウの吸蜜源や食草になる植物

この本では、ほぼ全国的に見られ、都会の公園などの公共緑地でも見られる栽培種などを中心に掲載しました。外来種を使う場合は、植えた場所以外にひろがらないように管理します。特に暖地の場合、あちこちで野生化が心配されている「ランタナ」は、野生化をさせないように、注意する必要があります(→P.11)。

ノシメマダラメイガ　Plodia interpunctella ……… 48
モモノゴマダラノメイガ
　　　　　　　　Conogethes punctiferalis ……… 48
ヤママユ　Antheraea yamamai ……… 49
↓産業用に飼育されるガ
カイコガ　Bombyx mori ……… 49

●外来種●
アカボシゴマダラ　Hestina assimilis ……… 21、41
オオモンシロチョウ　Pieris brassicae ……… 15、46
クロマダラソテツシジミ　Chilades pandava ……… 47

●外国のチョウ●
クラウディナミイロタテハ　Agrias claudina ……… 25
ブータンシボリアゲハ　Bhutanitis ludlowi ……… 7、24
プリアムストリバネアゲハ　Ornithoptera priamus ……… 25
メネラウスモルフォ　Morpho menelaus ……… 24

●そのほかの生き物●
ウスバカゲロウ　Baliga micans ……… 29
カブトムシ　Trypoxylus dichotomus ……… 29
クロヤマアリ　Formica japonica ……… 29
ツチカメネジレバネのなかま　Triozocera sp. ……… 29
ハラビロカマキリ　Hierodula patellifera ……… 29
ヒゲナガカワトビケラ　Stenopsyche marmorata ……… 6、28
ヒトノミ　Pulex irritans ……… 28
ミドリキンバエ　Lucilia illustris ……… 29
ヤマトシリアゲ　Panorpa japonica ……… 28

●植物●
アブラナ　Brassica rapa var. oleifera ……… 8、14
アベリア　Abelia × grandiflora ……… 17
ウマノスズクサ　Aristolochia debilis ……… 7、18
エノキ　Celtis sinensis ……… 2、9、21、40
オニユリ　Lilium lancifolium ……… 17
カタバミ　Oxalis corniculata ……… 14、44
カンアオイのなかま　Asarum sp. ……… 19
キバナコスモス　Cosmos sulphureus ……… 15
キンセンカ　Calendula officinalis var. subspathulata ……… 16
ショカツサイ　Orychophragmus violaceus ……… 10
シロツメクサ　Trifolium repens ……… 22、44
スミレ　Viola mandshurica ……… 44、45
ソテツ　Cycas revoluta ……… 47
タンポポのなかま　Taraxacum sp. ……… 15、44
ツバキ(ヤブツバキ)　Camellia japonica ……… 48
ノゲシ　Sonchus oleraceus ……… 14
ハクチョウゲ　Serissa japonica ……… 14
ヒャクニチソウ　Zinnia elegans ……… 23
ブッドレア(フサフジウツギ)
　　　　　　　　Buddleja davidii ……… 11、44
ミカン科のなかま　Rutaceae ……… 2、4、8、16
ヤブカラシ　Cayratia japonica ……… 8、45
ランタナ　Lantana camara ……… 11、44、51

V. 人間とのかかわり

チョウがくらす環境は人に安全な環境！

コムラサキ タテハチョウ科 ♂ ×1.0
→ヤナギ科。幼虫の成長段階や越冬齢は、オオムラサキや、ゴマダラチョウなどと似ています。幼虫。
暖地では年2～3回(5～9月)、寒冷地では年1回(7月ごろ)発生。

身近にチョウをよびこむと、小鳥などもふえる

卵、卵からふ化した幼虫、幼虫が変態したサナギ、サナギから羽化した成虫は、それぞれ小鳥をはじめとしたさまざまな生き物のエサとなり、それらの命をはぐくみます。わずかな場所にでも、落ち葉が土になる環境を残し、雨水を地下へ導き、在来種の生き物を保護し、地域の生物多様性を未来にひきつぐ方法を考えることが大切です。

人間は、太陽の光や空気中の酸素を必要とし、動物や植物を食べ、さらには木や石や化石までも使って生活しています。しかし、都市化で自然をほろぼすことは、私たち人間自身の命もちぢめることにつながるのではないでしょうか。

コラム 7. 旅をするチョウたち

チョウは世代交代をするたびに、生息環境を拡大する可能性があります。夏の間子孫を残しながら北上し、気温が低ければ南に向かいます。台風などの風に運ばれた迷蝶も、たどり着いた先での食草や越冬(越夏)条件があえば、子孫を残して定着(土着ともいう)するでしょう。また飛翔力が強く、本州から沖縄をこえて海外まで、2500kmもの飛翔記録をもつ種もあります。チョウは大なり小なり飛びまわって旅をくり返しているのです。

♂×1.6

海を渡るチョウとして知られている
イチモンジセセリ

① 飛翔記録をもつ種➡2011年10月10日に和歌山県でマーキングをしてはなしたアサギマダラ(タテハチョウ科)が、83日後の12月31日に香港(距離約2,500km)で捕獲されました。はねの半透明の部分にフェルトペンで記入(マーキング)された捕獲場所・年月日・連絡先などから、世界第2位の長距離の移動(アサギマダラとしては世界第1位)が確認されました。

さくいん

……… あ ………
秋型… 15
亜種… 21
頭… 28、35
遺伝子かく乱… 19、41
羽化… 2、36、38、39
後ろあし… 20
後ろばね… 16、28
越夏… 12、52
越冬… 12、30、36、37、52
園芸種… 1、15、
　　　　16、23、44、47、48

……… か ………
外来種… 10、11、15、
　　　　21、46、47、51
街路樹… 1、3、8、12
下唇鬚… 20、30
眼状紋… 21、31、35
完全変態… 2、28、29
危急種… 7
擬態… 11、30、31
絹糸… 49
吸水… 18、19
吸蜜源… 3、4、8、9、51
胸脚… 31
系統樹… 29
交雑種… 15
交尾… 21、40
口ふん… 16、20、39
国際自然保護連合
　　　　（IUCN）… 7
国蝶… 7、8、9
国内外来種… 19、41、42

……… さ ………
在来種… 15、44
里山… 6、7
サナギ… 28、31、37、38
産卵… 40
翅芽… 28
指標生物… 4、6
準絶滅危惧… 9、50
植栽… 32
食草… 3、51
食草の毒… 11、18
触角… 16、23、26、30
垂蛹… 37
成虫… 28、48、49
性標… 25
絶滅危惧Ⅰ類… 22、31、50
絶滅危惧Ⅱ類… 6、19、50
前蛹… 37
総排泄腔… 28

……… た ………
帯蛹… 37
脱皮… 36、37
卵… 36、40
昼行性… 26
毒針毛… 48
特別天然記念物… 19

……… な ………
中あし… 20
夏型… 15、16、36
南下… 52
二次林… 7
日本固有種… 6、7

……… は ………
バタフライガーデン… 44
腹… 28
春型… 16、36
尾脚… 31、37
尾状突起… 16、17、22
ふ化… 36
不完全変態… 29
腹脚… 31
ブラウンルーフ活動… 45
変態… 28
北上… 47、52
保護色… 30、31

……… ま ………
前あし… 20
前ばね… 16、28
胸… 28
無変態… 29
迷蝶… 12、47、52

……… や ………
夜行性… 26
野生種… 47
蛹化… 37
幼虫… 28、31、34、35、
　　　36、37、46、47、
　　　48、49
幼虫のつの… 35

……… ら ………
落葉広葉樹林… 6
林縁… 10
鱗翅目… 5、26
鱗粉… 24
レッドデータブック… 6

総監修のことば

滋賀県立琵琶湖博物館　**中井 克樹**

　アトリエモレリのみなさんの手による細密画が満載された「よくわかる生物多様性」シリーズの3冊めは、チョウがテーマです。
　この本は、チョウについての専門的な立場から、若手の専門家、矢後さんに監修をお願いしました。私も物心のついた時からの「昆虫少年」。かつてのあこがれだったナガサキアゲハを見るたびに不思議な思いがし、都会にもいろいろなチョウがいることにおどろかされます。
　この本が、読者のみなさんが身近なチョウに目を向け、このすてきな生き物とのかかわり方を考えるきっかけになることを願っています。

プロフィール

京都大学大学院理学研究科博士後期課程 研究指導認定退学。博士（理学）。現在、滋賀県立琵琶湖博物館 研究部生態系研究領域・専門学芸員。専門分野は、外来生物の防除手法の開発、希少淡水生物・陸産貝類の保全など。日本魚類学会評議員、同自然保護専門委員会委員、日本貝類学会評議員、日本生態学会近畿地区会自然保護委員会委員、中央環境審議会野生生物部会外来生物対策小委員会委員、環境省絶滅のおそれのある野生動植物種の選定・評価検討会委員、農林水産省東海農政局外来貝類被害防止対策検討委員会 委員長などを務める。

編・著作・監修に
『外来生物 つれてこられた生きものたち』（滋賀県立琵琶湖博物館）、『外来種ハンドブック』（地人書館）、『野生生物保護の事典』（朝倉書店）、『外来生物の生態学―進化する脅威とその対策』（文一総合出版）、『よくわかる生物多様性』1 未来につなごう身近ないのち　2 カタツムリ 陸の貝のふしぎにせまる（くろしお出版）など。

監修のことば

東京大学総合研究博物館　**矢後 勝也**

　チョウは人になじみの深い、もっとも身近な生き物の一つです。色彩も鮮やかな種が多いことで人目につきやすく、種の同定もしやすい昆虫です。いっぽうで、チョウはそれぞれの種のこのむ環境がはっきりとことなり、環境の変化に敏感なため、環境をあらわす指標としても有用なのです。著者の中山さんと制作のアトリエモレリの方々は、精密かつ温和な描画や解説に、このチョウの魅力や生きざま、そして保全法などを余すところなくひき出していて、監修の立場としても脱帽の思いでした。この本を通じて、みなさんもチョウと自然の大切さを感じていただけると幸いです。

プロフィール

東京大学総合研究博物館 助教。九州大学大学院修了。博士（理学）。元労働大臣秘書。日本蝶類学会学術委員長、日本昆虫学会自然保護委員、日本鱗翅学会自然保護副委員長・評議員、環境省希少野生動植物種保存推進員、日本チョウ類保全協会幹事、地球船クラブ主席研究員などを兼任。チョウ・ガを中心とする昆虫の多様性生物学や進化生物学に関する研究、特に形態と分子を用いた系統分類学や系統生物地理学、進化系統学を専門としながら、生態学的研究、保全生物学的研究および教育普及活動にも取り組む。

編・著作・監修に
『学研 原色ワイド図鑑・昆虫Ⅰ（改訂版）』（学研）、『ニューワイド学研の図鑑・世界の昆虫Ⅰ』（学研）、『日本産蝶類標準図鑑』（学研）、『新訂原色昆虫大圖鑑 第1巻（蝶・蛾篇）』（北隆館）、『いのちのかんさつ 1アゲハ』（少年写真新聞社）、『フィールドガイド 日本のチョウ』（誠文堂新光社）など。

あとがき・謝辞

博物画家、環境教育アドバイザー　**中山 れいこ**

　日本の首都「東京」は、近代化の中で多くの自然を失いました。
　東京の官庁街や銀座、江戸時代からの街には、50年前でも畑などはありません。しかし、そのほかの区部には田畑や雑木林、牧場までありました。両親とも都心生まれの私には田舎がありませんでした。それでも、幼少期に育った世田谷区祖師谷の雑木林では、当時の昆虫図鑑に登場する関東地方の生き物はほとんどすべてが見られ、図鑑と見くらべて名前を覚えるのが好きでした。また、週末に兄たちが昆虫の同定で訪ねる科学博物館で、恐竜の骨や石器をながめるのも楽しみでした。それから半世紀、東京都23区内の牧場や雑木林などは、ほとんどなくなりました。
　東京に50年前まであった自然環境が、公園などの公共緑地にわずかに残り、そこに息づく生き物たちを、100年後に残す方策が見つかれば、日本中にも多くの自然を残せるのではないかと思い、身近な自然調べを始めて12年になります。今回、子どものころに身近だったチョウを調べました。20種くらい見られればよいと思い、2011年3月より2012年の5月まで、晴れた日にはチョウを求めて撮影しました。そして、まだこんなに多くの種が生きる環境があることを知って、うれしくなりました。

　この本では、50種を越すチョウやガのなかまのイラストをかきました。また各ページの背景には、そのページのチョウに出あった環境の写真を使い、食草や吸蜜源、チョウが吸蜜源にとまるようすなどの写真を円形にして掲載しました。さらに、私たちが撮影できなかった写真については、巻末にお名前とページ数を掲示させていただいた方々より、ご提供いただきました。
　また、この本に掲載する分布図を参照させていただいた『フィールドガイド 日本のチョウ』（矢後勝也氏著述）を拝読し、幼少期からのなぞが解けました。今まで、成虫が見られる場所はすべて定着域だと思ってきましたが、実際に子孫を残している地域から、数百キロも離れた場所まで旅をする種があることを知りました。この冬、越冬状況をさがし歩いて、見つけられなかった数種のチョウは、そのような種でした。
　精密な分布図を参照し、簡略図にして掲載することをお許しくださった誠文堂新光社の編集部、著者の方々、この本を書くことを助けていただきました諸氏、出版社の方々に深くお礼申しあげます。

プロフィール

博物画家、図鑑作家、環境教育アドバイザー、グラフィックデザイナー。博物画の製作・普及、描画指導など教育活動を行うアトリエモレリを主宰、ボランティアグループ「緑と子どもとホタルの会」代表。東京で育ち、幼少時より生物相の豊かな生態系に親しみ、植物や昆虫などが生育する環境に関心を持つ。
　1966年頃から書籍作りや執筆業を手がけ、1999年に作った手製の本『アゲハの飛んだ日』がきっかけで図鑑作家となる。

著作に
『カメちゃんおいで手の鳴るほうへ（共著）』（講談社）、『小学校低学年の食事〈1・2年生〉』（ルック）、『ドキドキワクワク生き物飼育教室・かえるよ！シリーズ』①アゲハ②ザリガニ③カエル④カイコ⑤メダカ⑥ホタル（リブリオ出版）、『まごころの介護食「お母さんおいしいですか？」』（本の泉社）、『よくわかる生物多様性』1 未来につなごう身近ないのち 2 カタツムリ 陸の貝のふしぎにせまる（くろしお出版）、『いのちのかんさつ』1.アゲハ 2.カエル 3.メダカ（少年写真新聞社）など。

参考文献

『チョウはなぜ飛ぶか[新版]高校生に贈る生物学3』 日高敏隆／著(岩波書店)、『新編 チョウはなぜ飛ぶか フォトブック版』日高敏隆／著・海野和男／写真(朝日出版社)、『生物図解データ』日高敏隆／監修(研数書院)、『動物系統分類学 第7巻下C』内田亨／監修(中山書店)、『海をわたる蝶』日浦勇／著(蒼樹書房)、『蝶のきた道』日浦勇／著(蒼樹書房)、『ギフチョウはなぜ生きた化石といわれるか』いぬい・みのる／著(エフエー出版)、『日本の鱗翅類 系統と多様性』駒井古実・吉安裕・那須義次・斎藤寿久／編(東海大学出版会)、『日本動物解剖図説』広島大学生物学会／編 池田嘉平・稲葉明彦／監修(森北出版)、『オオムラサキの生態と飼育』森一彦／著(ニュー・サイエンス社)、『フィールドガイド 日本のチョウ』日本チョウ類保全協会／編(誠文堂新光社)

企画

ブックデザイン／ 森 孝史・中山 れいこ
編集・構成／ アトリエ モレリ　中山 れいこ　黒田 かやの　豊岡 寛之　伊藤 圭亮
イラスト／ 荒井 もみの　中山 れいこ　角海 千秋　豊岡 寛之　富永 豪太
写真協力／ 石倉 靖悠季 ➡ P.36〜37・オオムラサキの卵・幼虫・サナギ　岩野 秀俊 ➡ P.46右上・オオモンシロチョウの幼虫、P.48左下・チャドクガの幼虫　海野 和男 ➡ P.25右下・クラウディナミイロタテハ成虫　工藤 誠也 ➡ P.46右上・オオモンシロチョウ成虫　宮ノ下 明大 ➡ P.48右上・チョコレートで育つノシメマダラメイガの幼虫　森 孝史 ➡ P.4・P.12・P.42・扉写真　矢後 勝也 ➡ P.24左上・ブータンシボリアゲハ、P.47左中央・クロマダラソテツシジミ成虫

協力

この本のイラストを描くための標本を拝借した方々、生き物を見つけるためにご協力をいただいた方々、そして誌面を構成するためにご協力をいただいた方々です。ありがとうございました。

東京大学総合研究博物館　NPOオオムラサキを荒川の大空に飛ばす会　秋葉 治男　池田 博　板野 ちえ　梅田 幸和　柿澤 清美　木村 八郎　塩瀬 治　清水 治　庄山 すなお　杉浦 由季　富永 豪太　中瀬 悠太　中野 敬一　水上 翔太　宮ノ下 明大

よくわかる生物多様性3
身近なチョウ 何を食べてどこにすんでいるのだろう

2012年 9月 19日　第1刷

著　者	中山 れいこ
総監修	中井 克樹
監　修	矢後 勝也
発行者	さんど ゆみこ
発行所	株式会社 くろしお出版

〒113-0033　東京都文京区本郷3-21-10
TEL 03-5684-3389　FAX 03-5684-4762
URL http://www.9640.jp　E-mail kurosio@9640.jp

印刷所　音羽印刷株式会社　／　製版　株式会社 日本文教新報社
装　丁　森 孝史
制　作　アトリエ モレリ

ⓒ Reiko Nakayama 2012 Printed in Japan
定価はカバーに表示してあります。落丁・乱丁はおとりかえいたします。
本文中の記述、図については、無断転載・複製を禁じます。
ISBN 978-4-87424-558-3 C0645

よくわかる生物多様性

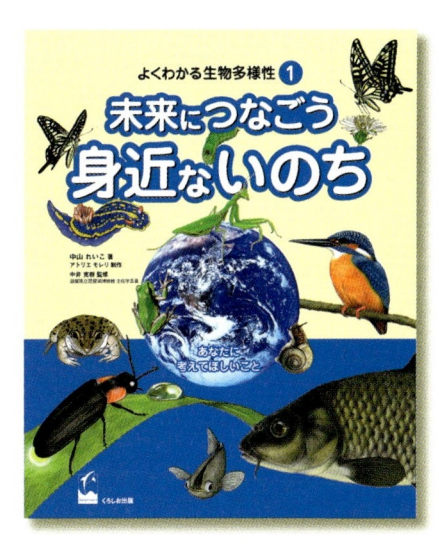

1 未来につなごう身近ないのち
ISBN978-4-87424-492-0

都市部に今なお残る自然。そこにくらす生き物たち。カタツムリ、カエル、チョウ、ホタルなど、身近ないのちを未来につなぐ生物多様性のコンセプトを迫力のイラストと詳細な解説で紹介。

命の歴史からビオトープの試み、飼育の方法、生息環境から外来生物問題まで、小学生も大人も楽しみながら学べる。

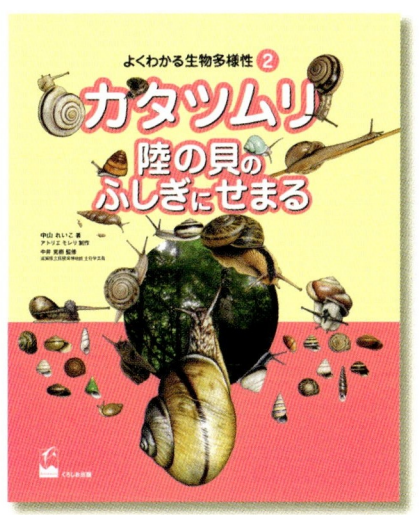

2 カタツムリ　陸の貝のふしぎにせまる
ISBN978-4-87424-521-7

日本中、わたしたちの身近な場所で生きるカタツムリ。どこで生まれ、何を食べて育つのか？体のつくりはどうなっているのか？なぜカラにはいろいろな模様があるのか？

飼育・観察を通してわかる、カタツムリのさまざまな不思議を詳しく解説。また、飼育のしかたや、生息環境の保護活動など、人間との関わりについても紹介。

3 身近なチョウ　何を食べてどこにすんでいるのだろう
ISBN978-4-87424-558-3

幼虫からサナギの時期を経て、美しい成虫になるチョウ。自然環境の豊かな地域だけでなく、都市部の街路樹や公園などでもその姿が見られる。

チョウはどこで生まれるのか？ 何を食べて育つのか？その生態を調べたり、体の変化を観察したりする方法など、身近なチョウのことが詳しく学べる一冊。